Elke Fleing | Momo Evers

Hervorragend positioniert

Elke Fleing | Momo Evers

Hervorragend positioniert

Wie Sie erreichen, dass Kunden Sie finden
Wirkungsvolles Selbstmarketing statt teurer Akquise
Mit den 20 besten Marketing-Instrumenten

REDLINE WIRTSCHAFT

Bibliografische Information der Deutschen Nationalbibliothek
Die Deutsche Nationalbibliothek verzeichnet diese Publikation in der Deutschen Nationalbibliografie.
Detaillierte bibliografische Daten sind im Internet über http://dnb.d-nb.de abrufbar.

ISBN 978-3-636-01452-8

Unsere Webadresse:
www.redline-wirtschaft.de

© 2008 by Redline Wirtschaft, FinanzBuch Verlag GmbH, München.

Alle Rechte, insbesondere das Recht der Vervielfältigung und Verbreitung sowie der Übersetzung, vorbehalten. Kein Teil des Werkes darf in irgendeiner Form (durch Fotokopie, Mikrofilm oder ein anderes Verfahren) ohne schriftliche Genehmigung des Verlages reproduziert oder unter Verwendung elektronischer Systeme gespeichert, verarbeitet, vervielfältigt oder verbreitet werden.

Redaktion: Marit Borcherding, Göttingen
Umschlaggestaltung: Vierthaler & Braun, München
Umschlagabbildung: Digital Vision
Satz: Jürgen Echter, Redline GmbH
Printed in Germany

Inhalt

1. **Nie mehr Kaltakquise – und trotzdem gute Kunden** .. 9
   Erfolgsbremse Kunden-Akquise 11
   Ein Unternehmen mit Sogkraft schaffen 17
   Marktanalyse: Wo bewegen sich Ihre Kunden? 22
   Das eigene Leistungsspektrum und die Alleinstellungs-
   merkmale 31
   Die Marketing-Instrumente zielgruppengerecht
   verzahnen 37

2. **Die Top 20 der Marketing-Instrumente** 41
   Elevator Pitch 43
   Gedruckte Unternehmenspräsentationen 48
   Die Website 54
   Empfehlungs-Marketing, Viral-Marketing und Mund-
   propaganda 63
   Networking on- und offline 80
   Buchveröffentlichungen 93
   Artikel-Veröffentlichungen on- und offline 106
   Das Weblog 109
   Newsletter 121
   Seminare und Workshops 127
   Vorträge und Auftritte als Moderator 138
   Interviews geben – online und offline 146
   Presse- und Öffentlichkeitsarbeit 149
   Guerilla-Marketing 162
   Soziales Engagement 165
   Teilnahme an Messen 169
   Teilnahme an Business-Wettbewerben 176
   Listing in Verzeichnissen 178
   Mailings 179
   Klassische Werbung 186

3. Die letzten Schritte – vor des Kunden „Ja, ich will" ... 195
   Gutes Geld für gute Arbeit: Honorare kalkulieren
       und durchsetzen 197
   Motivations-Mengenlehre:
       Honorar – Flow – Reputation 206
   Wie Sie auch mit einem „Nein" die Zugkraft Ihres
       Unternehmens stärken 210

Über die Autorinnen 217

Stichwortverzeichnis 219

Anmerkung

Um das Arbeiten mit diesem Buch für Sie möglichst einfach und effizient zu gestalten, haben wir wichtige Textpassagen mit folgenden Icons gekennzeichnet:

1.

Nie mehr Kaltakquise – und trotzdem gute Kunden

Es war einmal … ein hoffnungsfroher Jungunternehmer, der eben sein schickes neues Büro eingerichtet hatte, seinen fabrikneuen Leder-Chefsessel Probe saß und zum Hörer griff, weil das Telefon klingelte. Am Apparat war sein erster Kunde, der ihn mit einem attraktiven Projekt betraute. Kaum, dass unser Jungunternehmer aufgelegt hatte, war auch schon der nächste Kunde in der Leitung, der einen lukrativen Job für die Zeit danach ankündigte. Wenige Monate später nahm die Assistentin solche Anrufe an, weil der Unternehmer selbst sich in Besprechungen mit seinen 20 Mitarbeitern befand und dafür keine Zeit mehr hatte.

Sind das nicht ungefähr die Träume, die alle hegen, die nicht gern akquirieren aber dennoch mit ihrem Unternehmen erfolgreich sein wollen?

Und wissen wir nicht alle, dass es Träume bleiben werden, weil Erfolg nun einmal leider nicht vom Himmel fällt?

Wir haben trotzdem eine gute Nachricht für Sie: Sie müssen ohne Frage eine Menge kreieren, denken und tun, um als Selbstständiger Erfolg zu haben. Wenn Sie es aber geschickt anstellen, wird aktive Akquise nicht als großes „Muss" auf Ihrer To-do-Liste stehen. Sie können dafür sorgen, dass Ihre Kunden weitgehend von allein auf Sie zukommen – und Ihnen treu bleiben.

Wie Sie es schaffen, dass Ihr Unternehmen diese Sogkraft und Eigendynamik entwickelt, darum geht es in diesem Buch.

Erfolgsbremse Kunden-Akquise

Zugegeben, eine ziemlich provokante Kapitelüberschrift. Denn Akquise – geliebt oder nicht – ist doch unabdingbare Voraussetzung, um Kunden und Aufträge und damit Geld und einen guten Ruf zu bekommen, oder? Wir sagen: Oder.

Warum? Weil wir der Überzeugung sind, dass es effizientere und nachhaltigere Methoden als aktive Akquise gibt, um Kunden zu gewinnen und zu halten.

Was wir unter aktiver Akquise verstehen

Im Rahmen dieses Buches: Alle aktiven Kontakte mit Dritten, die direkt und unmittelbar darauf abzielen, von diesen Aufträge zu erhalten oder ihnen Produkte zu verkaufen.

„Aber was spricht denn gegen Akquise?", fragen Sie sich jetzt. Wir sagen es Ihnen:

Aktive Akquise ist ein Zeitdieb

Akquise ist, professionell betrieben, eine sehr zeit- und energieaufwendige Tätigkeit. Zerlegen wir einmal eine klassische Kaltakquise in ihre Einzelschritte:

1. Zielgruppenbestimmung, die Suche nach möglichen Kunden im Allgemeinen: Wer sucht oder könnte suchen, was ich biete?
2. Bedarfsanalyse bei potenziellen Kunden: Was sucht mein Gegenüber?
3. Abgleich des Bedarfs mit dem eigenen Angebot: In welchen Punkten könnte konkret was aus meinem Angebot den festgestellten Bedarf abdecken?
4. Check des Unternehmens des potenziellen Kunden: Um im Anschreiben oder Gespräch den richtigen Ton zu treffen, Informiertheit zu signalisieren und vor allem, um wirklich informiert über das betreffende Unternehmen, seine Leistungen, sein Credo zu sein, recherchiert man im Internet, in Büchern und Geschäftsberichten und fragt Dritte, die bereits Erfahrung mit dem Unternehmen sammeln konnten. Das dauert ziemlich lange, denn nichts ist peinlicher, als eine Ware oder eine Leistung anzubieten, für die das betreffende Unternehmen definitiv keinen Bedarf haben wird.
5. Check des wahrscheinlichen Honorarniveaus des potenziellen Kunden: Ist der mögliche Neukunde zahlungskräftig und -willig? Wenn nicht, kann man an diesem Punkt seine Recherche beenden, denn wer will schon für Auftraggeber arbeiten, die nicht oder nur schleppend zahlen. Wenn doch, gilt es herauszufinden, auf wel-

chem Level sich seine Honorare bewegen, damit die eigenen Forderungen weder zu hoch noch zu niedrig angesetzt werden.
6. Recherche des richtigen Ansprechpartners: Welche Abteilung, welche Person kommt als mein Ansprechpartner infrage? Die Klärung dieser Frage ist besonders wichtig, wenn man größre Unternehmen ansprechen möchte.
7. Erstellen der Akquise-Unterlagen: Arbeitsproben oder Muster müssen zusammen- oder hergestellt und für den Einzelfall individualisiert werden.
8. Die eigentliche Akquise: Der mögliche Neukunde wird angeschrieben, angerufen, erhält eine E-Mail und/oder wird besucht.
9. Das erste Ausloten unter potenziellen Geschäftspartnern: Was kann der eine dem anderen bieten und umgekehrt? Kann man sich eine Zusammenarbeit vorstellen?
10. Die Nachbereitung des Erstkontakts: Hier werden etwa die Ergebnisse der ersten Kontakte zusammengefasst, Arbeitsproben versendet und erste konzeptionelle Vorschläge oder Angebote gemacht.
11. Das Angebot für den Erstauftrag: Nun geht es an den Kostenvoranschlag oder eine Kalkulation für ein Angebot, die anschließend dem möglichen Kunden zugesandt werden.

In elf Arbeitsschritten haben Sie bereits viel Zeit und Arbeit in den Gewinn Ihres neuen Kunden investiert. Und noch immer ist nichts in trockenen Tüchern. Denn erst am Ende dieses Marathons wird Ihr Interessent zu Ihrem neuen Kunden. Vielleicht.

Denn leider liegen vom Erstkontakt bis zum Vertragsabschluss noch viele kleine und große Weggabelungen auf Ihrer Akquise-Straße. Und an jeder von ihnen kann Ihr möglicher Neukunde in Richtung „Nein, danke" abbiegen.

Aktive Akquise ist ein Beutelschneider

Aktive Akquise ist teuer und zwar in dreifacher Hinsicht:

❏ 1. Aktive Akquise kostet Sie produktive Arbeitszeit. Als Selbstständige/ger, zumal als Freiberufler und Kleinunternehmer, müssen Sie sorgfältig mit einer Ihrer wertvollsten Ressourcen haushalten: Ihrer Zeit. Denn Sie haben nur ein sehr begrenztes Quantum an Arbeitsstunden zu vergeben. Sie müssen dafür sorgen, einen möglichst hohen Anteil Ihrer Arbeitszeit produktiv arbeitend zu verbringen. Das bedeutet, dass Sie viel Arbeitszeit mit Tätigkeiten verbringen, in denen Sie direkt Geld verdienen, also Produkte verkaufen oder Dienstleistungen ausführen. Diesem Thema widmen wir uns ausführlich im dritten Teil des Buches. Hier nur so viel: Je mehr Zeit Sie in die aktive Akquise investieren müssen, umso weniger Zeit bleibt Ihnen für andere dringend notwendige Tätigkeiten. Vor allem für die dringendste Tätigkeit in jedem Unternehmen: die produktive Arbeit.

❏ 2. Aktive Akquise ist sündhaft teuer. Da Sie aktiv Überzeugungsarbeit leisten müssen, haben Sie aufwendige Flyer, Broschüren, angenehm auffallendes Briefpapier zu erstellen, attraktive Kataloge drucken zu lassen und, und, und. Schließlich müssen Sie Menschen Ihr Können, Ihre Produkte, Ihre Dienstleistung darbieten, die wahrscheinlich noch nie zuvor von Ihnen gehört haben. Sie müssen sich zu Beginn Ihrer Akquise in der Regel gegen ein Heer von Mitbewerbern behaupten und haben nur Ihre persönliche Überzeugungsfähigkeit und die Ihrer Werbemittel in der Tasche. Beides muss rennen. Und zwar von Null auf Hundert. Keine Empfehlung guter Freunde Ihres potenziellen Neukunden, keine Fundstelle in den Medien, kein guter Branchenruf wirbt und wirkt bei aktiver Akquise zusätzlich als vertrauensbildende Maßnahme für Sie. Entsprechend viel Geld müssen Sie in Ihre Werbung stecken. Dieses Geld können Sie zwar absetzen, aber Sie können es auch deutlich sinnvoller investieren.

❏ 3. Aktive Akquise schwächt Ihre Verhandlungsposition. Wenn Sie aktiv auf Kundensuche und -fangversuch gehen, haben Sie eine schwächere Verhandlungsposition, als wenn ein Interessent auf Sie zukommt.

Der richtige Mensch, aber der falsche Zeitpunkt: Angenommen, Sie haben Ihre Akquise-Hausaufgaben einschließlich Schritt 7 ausgezeichnet erledigt. Ihr großer Tag X für Punkt 8 ist gekommen. Sie rufen gut vorbereitet genau die richtige Zielperson an. Und was passiert? Ihre Zielperson hört Ihnen mit halbem Ohr zu und wimmelt Sie schließlich ein wenig genervt ab. Besagte Zielperson ist nämlich gerade mit dem Kopf in einem völlig anderen Thema, steht unter Stress, hat persönliche Probleme oder Kopfweh. Oder unternehmensintern sitzt momentan der Gürtel in Sachen Ausgaben für Fremdleistungen auf einem der engeren Löcher. Schade eigentlich. Es hätte so eine fruchtbare Zusammenarbeit werden können. Wenn Sie und Ihr Fast-Neukunde sich zu einem aus seiner Sicht richtigen Zeitpunkt begegnet wären.

Und dann ist da noch das psychologische Moment des „Wer will hier was von wem?" Auf der Sachebene ist dieses Argument natürlich kaum haltbar. Dennoch wirkt es sich auf Vertragsverhandlungen aus: Gehen Sie aktiv auf einen möglichen Neukunden zu, sind Sie unter psychologischem Aspekt in der Position, einen Auftrag von ihm zu wollen. Bittet umgekehrt der Interessent Sie um Ihre Produkte, Ihre Dienstleistung, will er etwas von Ihnen. Und in der Rolle des Gebetenen verhandelt es sich deutlich entspannter.

Aktive Akquise ist für viele ein Spaßkiller

Zwar tummeln wir uns mit Freude im Akquise-Becken wie der Fisch im Wasser. Doch als passionierte Netzwerker und aufmerksame Zuhörer wissen wir sehr gut, dass viele die aktive Akquise als grässliches Klinkenputzen empfinden, als anstrengend, Angst machend oder lästig. Sie fühlen sich aktiver Akquise rhetorisch nicht gewachsen, sie empfinden sich dabei als aufdringlich und plump und gehen nicht gern den ersten Schritt auf andere zu.

Kurz: Viele haben einfach keinen Spaß an aktiver Akquise und sind deshalb entsprechend schlecht gelaunt, ängstlich, angespannt oder auf andere Weise missgestimmt.

Diese negative Stimmung hat Folgen, die weit über die persönliche Seelenhygiene hinausgehen. Wie wichtig eine hohe Motivation für den unternehmerischen Erfolg ist, darüber brauchen wir uns an dieser Stelle nicht lange zu unterhalten. Diese Weisheit gehört inzwischen fast zu den Binsen: Hoch motiviert arbeiten wir gern, viel, konzentriert und effizient, wir sind begeistert von unserem Tun und können leicht andere mit unserer Begeisterung anstecken. Wir wirken nach außen präsent, kompetent, zentriert und voll bei der Sache. Und all das zusammen führt dazu, dass uns die anderen viel eher etwas abkaufen – im buchstäblichen und im übertragenen Sinn – als wenn wir unmotiviert, deprimiert, frustriert oder ängstlich sind.

Das Ergebnis liegt auf der Hand: Der „Zwang" zu aktiver Akquise ist für viele nicht nur ein Spaßkiller, sondern unter wirtschaftlichem Aspekt eine echte Erfolgsbremse.

Aktive Akquise zwingt uns ins Hamsterrad

„Jedes Mal alles auf Anfang" – genau das bedeutet aktive Akquise. Für jeden möglichen Kunden begeben wir uns zu Punkt eins der Akquise-Arbeitsschritte und arbeiten sie dann der Reihe nach artig bis zu Punkt elf ab. Und dann beginnt alles von vorn. Wieder und wieder, bis zum Sankt Nimmerleinstag und darüber hinaus. Und weil uns unsere eigenen Unterlagen und eingeübten Gesprächs-Opener spätestens nach dem zwanzigsten Mal abgeschmackt und alt erscheinen, werfen wir nach einiger Zeit unsere Akquise-Materialien in Teilen oder komplett über den Haufen und investieren noch einmal. Neues Spiel, neues Glück.

Natürlich spricht per se nichts dagegen, sich viel Arbeit zu machen, um Kunden zu gewinnen. Aber Hand aufs Herz: Wäre es nicht viel effizienter und angenehmer, wenn diese viele Arbeit sich selbst potenzierende Früchte trüge? Wenn man nicht jeden eventuellen Neukunden von Punkt Null an „beackern" müsste, um ihn zu gewinnen? Wenn die Energie – also Arbeit, Zeit und Geld – die Sie in die Akquise für einen möglichen Kunden gesteckt hätten, sich energiesparend *und* erfolgreich auf Ihre nächste Akquise-Tätigkeit auswirken würde? Die Antwort ist leicht: Das wäre herrlich und könnte Ihnen viel Zeit und Nerven sparen.

Dummerweise bietet aktive Akquise hier keine oder nur sehr begrenzte Möglichkeiten. Es bleibt Ihnen nämlich gar nichts anderes übrig, als für jeden Neukunden „alles auf Anfang" zu stellen – und schon rotieren Sie wieder im Hamsterrad, Sie kommen nicht voran und das produktive Arbeiten bleibt auf der Strecke.

Was Sie tun können, wenn Sie dieses ermüdende Geschäft der aktiven Akquise zu den Akten legen und trotzdem Erfolg versprechend arbeiten wollen? Ganz klar:

Ein Unternehmen mit Sogkraft schaffen

Damit es uns wie dem zu Beginn beschriebenen märchenhaften Jungunternehmer geht und die Kunden uns finden und umwerben wie die Bienen die Blüte, müssen wir hart arbeiten. Wir müssen viel, sehr viel, oft, immer wieder und wieder Neues dafür tun, dass unser Unternehmen Zugkraft ausübt: auf Kunden – mögliche neue und Bestandskunden – und auf Erfolgsmultiplikatoren wie zum Beispiel die Medien oder Menschen, die unser Unternehmen weiterempfehlen.

 Zwei Voraussetzungen, die für den Erfolg Ihres Unternehmens unerlässlich sind:

- 1. Ihr Unternehmen kann jeden locken: Es ist bekannt.
- 2. Ihr Unternehmen zieht – auf allen Kanälen und in allen möglichen öffentlich zugänglichen Verlautbarungen.

Und diese Voraussetzungen erfüllen Sie mit aktiver Akquise allein nicht.

Warum nicht? Das begründen wir Ihnen jetzt: Es sind ziemlich hohe Ansprüche, denen Sie sich mit den oben genannten Leitbildern stellen. Eine solch positive Außenwirkung kann natürlich nur entstehen, wenn Ihr tatsächliches unternehmerisches Handeln dieses Meinungsbild berechtigt, Sie also auch inhaltlich halten, was Sie versprechen.

Doch darum, wie gut Sie in Ihrem Kerngeschäft tatsächlich sind, geht es hier gar nicht. Das wäre ein anderes Buch.

Es geht hier um den umgekehrten Fall: Viele Unternehmen *sind* enorm kompetent, arbeiten vertrauenswürdig, sind authentisch und glaubwürdig, kurz: absolut empfehlenswert. Aber viele Unternehmen haben nicht diese Außenwirkung. Niemand erfährt also von ihrer Brillanz.

„Okay, das klingt logisch", mögen Sie sagen, „aber dann brauche ich doch eigentlich nur ein gutes Buch und vielleicht einige einschlägige Workshops über Werbung. Denn wie macht man ein Unternehmen oder ein Produkt bekannt? Durch Werbung."

Da haben Sie nicht Unrecht. Werbung ist eine feine Sache. Sie sollten auch klassische Werbung einsetzen. Unter anderem. Unter vielem anderen – und sehr sparsam und sehr gezielt. Um ein Unternehmen, ein Produkt oder eine Marke bekannt zu machen, ist klassische Werbung ein probates Mittel.

 Der Einsatz von Werbung hat zwei große Nachteile:

- ❏ 1. Um ein Unternehmen nur über Werbung bekannt zu machen, muss sie qualitativ herausragend sein und in hohem Maße eingesetzt werden. Das ist sehr kostenintensiv.
- ❏ 2. Klassische Werbung hat enorme Streuverluste, trifft also auf die breite Masse und kaum mitten ins Herz Ihrer Zielgruppe. Also werfen Sie von dem vielen Geld, das Sie einsetzen müssen, einen Großteil zum Fenster hinaus.

Werbung allein reicht also nicht aus und ist für kleine Unternehmen finanziell kaum wirksam zu leisten. Aktive Akquise ist uns für Sie auch nicht gut genug. Wir möchten, dass Sie viel Zeit investieren und so viel Erfolg wie nur irgend möglich für diese Investitionen zurückbekommen.

Ja, Sie haben richtig gelesen: Sowohl die aktive Akquise als auch auf die von uns empfohlene hervorragende Positionierung kosten viel Zeit.

Nun bräuchten wir dieses Buch aber nicht zu schreiben, wenn es nicht wesentliche Unterschiede zwischen beiden Vorgehensweisen gäbe. Deshalb kommt gleich die Einschränkung: Die Investition von viel Zeit ist auch schon alles an Gemeinsamkeiten zwischen aktiver Akquise und der Entwicklung eines Unternehmens mit Sogkraft.
Die Unterschiede beginnen schon in der grundlegenden Herangehensweise auf Ihrem Weg zum Erfolg:

Aktive Akquise ist eine Methode, um Kunden zu gewinnen.

Ein Unternehmen mit Sogkraft zu schaffen, ist eine umfassende Strategie, die sich durch Ihre gesamte Unternehmensführung zieht. Es ist eine Philosophie, ein Credo, ein Gedankenansatz, der sich in all Ihren Marketing-Maßnahmen niederschlägt.

Wenn Sie lernen wollen, wie Sie ein guter Akquisiteur werden, lesen Sie die entsprechenden Bücher oder besuchen Sie einige einschlägige Workshops. Dann steigen Sie ins Hamsterrad und beginnen mit der Kundenakquise. Deren Art und Philosophie übrigens völlig losgelöst von Ihrem gesamten sonstigen Firmenauftritt, Ihren Erfolgsstrategien oder Ihrer Unternehmenskultur betrieben werden kann.
Um aber ein Unternehmen mit Sogkraft zu schaffen, müssen Sie ganzheitlich denken und vorgehen. Folgendes Motto sollten Sie sich übers Bett pinnen, damit Sie immer wieder daran erinnert werden. Sie müssen es buchstäblich inhalieren und es sollte jeder Ihrer Handlungen zugrunde liegen:

Alles, was ich als Unternehmer tue, sollte die folgende *Außenwirkung* unterstützen und fördern:
Meine Zielgruppen und möglichst viele Menschen darüber hinaus kennen und achten mich, mein Unternehmen und das, wofür wir stehen.
Mein Unternehmen ist bekannt und gilt als attraktiv, glaubwürdig, vertrauenswürdig und empfehlenswert. Es steht mit größtmöglicher Breitenwirkung für außerordentliche Kompetenz.

Zwei Voraussetzungen müssen erfüllt sein, damit Ihr Unternehmen Zugkraft entwickeln kann:

1. **Ihr Unternehmen ist bekannt genug, um gefunden zu werden.**
   Bekannt wird ein Unternehmen, indem es in der Öffentlichkeit präsent ist – durch Medien oder über Werbemittel. Dabei ist es ganz gleich, ob es sich um Veröffentlichungen des Unternehmens oder Unternehmers selbst handelt oder um solche, in denen *über* das Unternehmen oder den Unternehmer berichtet wird. Aber auch zielgerichtete Gespräche von Mensch zu Mensch erfüllen den gleichen Zweck.
2. **Ihr Unternehmen hat einen so guten Ruf, dass es Zugkraft ausübt.**
   Bekanntheit allein reicht nicht aus, um Ihrem Unternehmen Zugkraft zu verleihen. Was Ihr Unternehmen zusätzlich braucht, ist ein guter Ruf. Es muss für Kompetenz und Zuverlässigkeit stehen, für Innovation, Ehrlichkeit und Fairness, gute Ware, gute Dienstleistungen, guten Service.

Vor allem in Kleinunternehmen gilt zudem: *Sie selbst* als Unternehmer müssen einen guten Ruf haben.

Diese Voraussetzungen erfüllen sich natürlich nicht von selbst. Für eine breite *und* sehr positive Außenwirkung Ihres Unternehmens müssen Sie wiederum zwei Meilensteine bewältigen:

1. Ihr Unternehmen muss verdammt gut sein, um einen guten Ruf zu bekommen.

Wir alle wissen um den Wahrheitsgehalt dieses Satzes: Bad news are good news. Schlechte Neuigkeiten greift man nur allzu gern auf und kommuniziert sie weiter. Gute Nachrichten sind langweilig und werden kaum verinnerlicht, geschweige denn weitergereicht. Oder hat der Satz: „Firma Y hat gestern geliefert. Die intakte Ware kam pünktlich an" für Sie etwa besonderen Unterhaltungswert? Für ein Gespräch unter Nachbarn zum Beispiel gäbe doch diese Geschichte weit mehr her: „O Mann, wochenlang habe ich auf die Ware von Y gewartet, zig Mal hinterher telefoniert. Und du kannst es dir nicht vorstellen: Gestern haben sie endlich geliefert. Jetzt rate mal, was passiert ist: Die Hälfte der Lieferung ist kaputt."

Damit good news auch good news bleiben, muss Ihr Unternehmen über einen langen Zeitraum hinweg sehr kontinuierlich außerordentlich gute Leistungen erbringen. Dann erst spricht es sich herum, wie exzellent Sie sind. Und Sie können sich trotzdem darauf verlassen, dass es ziemlich schnell die Runde macht, wenn Sie doch einmal patzen. Doch mit dem Perfektsein allein ist es nicht getan.

2. Die Tatsache, dass Ihr Unternehmen verdammt gut ist, muss auch kommuniziert werden.

Ihr Unternehmen *ist* enorm kompetent, arbeitet vertrauenswürdig, ist authentisch und glaubwürdig und damit absolut empfehlenswert. Aber es hat deswegen noch lange nicht auch diese *Außenwirkung*. Es hat eigentlich gar keine Außenwirkung, denn Ihr Unternehmen ist sozusagen heimlich unheimlich gut.

Wenn „die da draußen" wüssten, wir gut Ihr Unternehmen ist, wie toll Sie arbeiten, dann würden Ihnen die Kunden in Scharen die Türen einrennen und dann können Sie fröhlich die Tür aufhalten und Ihren lästigen Gast verabschieden: „Mach's gut, aktive Akquise!"

Sie können diesen Punkt erreichen. Und wir helfen Ihnen dabei.

In diesem Buch zeigen wir Ihnen, wie Ihr Unternehmen

❑ möglichst viel
❑ möglichst positiv besetzte Außenwirkung
❑ auf möglichst vielen Ebenen
❑ in möglichst vielen öffentlich zugänglichen Äußerungen gewinnt.

Damit Sie auch weiterhin mit dem punkten können, das Sie wirklich gut beherrschen: Ihrer Arbeit.

Marktanalyse: Wo bewegen sich Ihre Kunden?

Um Ihr Ziel zu erreichen, müssen Sie es definiert haben. In unserem Fall ist das Ziel klar: Ihre möglichen Kunden sollen *Sie* finden, von Ihnen begeistert sein und Sie deshalb kontaktieren, um Ihre Dienstleistung in Anspruch zu nehmen oder Ihre Produkte zu kaufen.

> **!** Als Unternehmer brauchen Sie folgende Zielkoordinaten:
>
> ❏ Wer sind meine Kunden?
> ❏ Wo halten diese Kunden sich real, virtuell oder wahrnehmend auf?
> ❏ Wer könnte noch zu meinem Kunden werden? Denn Sie wollen ja expandieren und im Idealfall neue Kundenkreise hinzu gewinnen.
> ❏ Wie kann ich alle Kunden an ihrem Aufenthaltsort am besten erreichen?
> ❏ Wie kann ich sie von mir und meinem Angebot überzeugen?

Wer sind meine Kunden?

Große Firmen mit einer sehr soliden Finanzdecke geben Unsummen dafür aus, diese Frage zu beantworten. Sie beauftragen Meinungsforschungsinstitute, lassen Studien durchführen und breite Analysen erstellen. Kleine und kleinere mittelständische Unternehmen haben diese finanziellen Ressourcen in der Regel nicht und müssen daher selbst aktiv werden. „Dafür habe ich aber keine Zeit", werden Sie vielleicht einwenden. Doch Sie *sollten* sich diese Zeit nicht nur nehmen, Sie *müssen*. Denn ehe Sie nicht wissen, was genau Ihre Ziele und die Vorteile Ihres Unternehmens sind, können Sie auch nicht herausfinden, für welche Art von Kunden Sie und Ihre Dienstleistung besonderes interessant sind – sprich: wen genau Sie ansprechen könnten.

Wenn Sie wenig oder nichts über Ihre Kunden wissen, gehen Ihre Marketing-Aktivitäten ins Leere oder haben im schlimmsten Fall sogar einen negativen Effekt. In diesem Fall können Sie sich Zeit und Geld für Marketing auch gleich sparen und das Geld lieber für etwas anderes ausgeben. Ein Unternehmen mit Sogkraft aber erschaffen Sie so nicht.

Ein Beispiel: Der Media-Markt. Durch Kampagnen wie „Geiz ist geil" oder „Das kauf ich euch ab" hat er sich festgelegt: Er möchte ein ganz bestimmtes Klientel ansprechen. Wir gehören nicht dazu. „Geiz ist geil" ist nicht unsere Philosophie, wir möchten sie nicht unterstützen und von Werbebildern mit bewusst hässlich inszenierten Menschen und Fragen wie „Wer macht mich scharf?" fühlen wir uns eher abgestoßen. Bei uns hat diese Werbekampagne einen negativen Effekt: Wenn wir die Wahl haben, gehen wir lieber in ein anderes Geschäft und meiden den Media-Markt.

Wer sind also Ihre Kunden? Überlegen Sie von der Pike auf und grenzen zunächst einmal die wesentlichen Eckdaten Ihres Unternehmens ein.

Auch wenn Unternehmer mit einigen Jahren Berufserfahrung sich diese Fragen bereits vor der Gründung gestellt haben, kann es nicht schaden, alle ein bis zwei Jahre eine Bestandsaufnahme zu machen. Nicht selten verändern sich Ziele und gewichten sich Schwerpunkte um, ohne dass man es selbst im Arbeitsalltag so recht bemerkt. Für die Außendarstellung müssen aber Ziele und Schwerpunkte bewusst sein. Hinterfragen Sie also zunächst oder wieder einmal Ihre Ziele und Erwartungen:

Ihr Leistungsspektrum: Was wollen Sie als Unternehmer/Unternehmen konkret erreichen? Was genau bieten Sie an? Und gegebenenfalls: In welchen Bereichen planen Sie in absehbarer Zeit, Ihr Angebot zu erweitern und neue Märkte zu erschließen? Diesen zweiten Punkt müssen Sie auch in Ihren weiteren Überlegungen getrennt betrachten und prüfen.

Ihr Anspruch: Was möchten Sie Ihren Kunden verkaufen? Nur ein Produkt? Oder zusätzlich ein Lebensgefühl? Wollen Sie zum Beispiel der beste Automechaniker-Betrieb in München sein? Oder der günstigste? Der schnellste? Der kundenfreundlichste? Der Experte für eine bestimmte Automarke? Hinter jedem dieser Ansätze verbirgt sich Ihre Firmenphilosophie: Solider Dienst nach Vorschrift? Eher das Besondere, dafür aber teuer? Hohe Kundenbindung durch Wohlfühlatmosphäre? Oder was soll es sonst sein? Sie haben die Wahl.

Ihre Ziele: Was möchten Sie kurz- und langfristig erreichen? Ein gewisses Umsatzlevel? Eine Expansion? Eine Partnerschaft mit einem anderen Unternehmen? Eine Auszeichnung ergattern und mit dieser für Ihr Unternehmen werben? Im Idealfall gewinnen Sie mit dem Erreichen Ihrer Ziele neue Kunden hinzu – ohne die vorhandenen zu vergraulen.

Ihre Mittel: Wunsch und Realität sind leider zwei paar Schuhe. Wo stehen Sie jetzt und welche Ihrer Ziele können Sie bis wann wirklich erreichen? Wie ist es um Ihre finanziellen Mittel, Ihre zeitlichen und personellen Ressourcen bestellt? Ist Ihr Geschäft ein regionales und vielleicht gar nicht für eine deutschlandweite oder gar weltweite Expansion geeignet?

Ihre Persönlichkeit: Möchten Sie ein Experte auf Ihrem Gebiet werden? Haben Sie Kraft und Geld, sich regelmäßig weiterzubilden? Möchten Sie mit Ihrem Geschäft auf Nummer sicher gehen und ein solides Einkommen für sich und Ihre Familie generieren? Wie viel Kapazität und Motivation können und wollen Sie in die Weiterentwicklung Ihres Unternehmens investieren? Und: Welcher Unternehmer-Typ sind Sie? Ein sachlicher, eher distanzierter Mensch etwa kann noch so gern kundenfreundlich sein wollen – von seinem Naturell her geht er einfach nicht gern auf Menschen zu und Small Talk fällt ihm schwer. Wenn ein solcher Unternehmer sich Kundenfreundlichkeit auf die Fahnen schreiben will, braucht er einen Mitarbeiter, der die eigene trockene Art ausgleichen kann.

Ihre Wünsche: Wer sind Ihre Wunschkunden? Sprechen Sie derzeit vielleicht eher Privatkunden an, hätten aber gern mehr Firmenkunden? Würden Sie gern über Ihre Region hinaus Kunden hinzugewinnen? Eine zusätzliche Altersstruktur in Ihre Käuferschicht integrieren?

Ihre Konkurrenz: Wer sind Ihre Mitbewerber? Wo liegen deren Stärken, wo die Ihrigen?

Ihre Realität: Die Bestandsaufnahme: Wo genau stehen Sie jetzt finanziell und in Bezug auf sonstige Ressourcen im Vergleich zu Ihren Mitbewerbern? Wie groß ist der Markt, in dem Sie sich bewegen, wirklich? Können, sollten, müssen Sie expandieren und wenn ja, in welche Richtung?

Die Quintessenz: Welche der obigen Punkte sind Ihnen jetzt und in erster Instanz wirklich wichtig? Was ist Wunschdenken, was konkretes – und umsetzbares – Ziel? Und wer wäre nach all diesen Überlegungen Ihre ideale Zielgruppe? Sammeln Sie ohne innere Zensur möglichst viele Assoziationen und Ideen zu Ihren Überlegungen.

Wo halten sich meine Kunden real, virtuell oder wahrnehmend auf?

Was wissen Sie über Ihre jetzigen Kunden? Haben Sie eine gut geführte Datenbank? Wissen Sie, ob Ihre Kunden eher aus Ihrer Region kommen, ob sie jung oder alt sind, welche Hobbys sie haben, welche Lebensphilosophie? Wie finden Ihre Kunden Sie? Haben Sie das in Ihrer Datenbank festgehalten? Oder können Sie es erfragen, etwa durch eine Feedback-Aktion mit integriertem Gewinnspiel oder Bonusaktion? Haben Sie Stamm- oder Laufkundschaft und welcher Anteil ist höher? Um Ihre Kunden gezielt ansprechen zu können, ist es unerlässlich zu wissen, wen Sie bereits ansprechen und wen Sie ansprechen wollen. Anders gesagt: Selbst- und Fremdwahrnehmung müssen deckungsgleich sein. Das ist bei vielen Unternehmen nicht der Fall und sie arbeiten deshalb an ihren tatsächlichen Zielgruppen vorbei. Wenn Sie zum Beispiel der Ansicht wären, dass Ihre Kunden junge Familien des Mittelstandes mit Affinität zum Internet sind, Ihre Produkte aber tatsächlich vor allen Dingen von Singles im Rentenalter gekauft werden, die keinen oder nur einen sporadischen Zugang ins Internet haben, wird eine Schwerpunktsetzung auf Online-Marketing Ihre Zielgruppe kaum erreichen. Gehen wir also die obigen Schlagworte noch einmal en détail durch:

Real: Sind Ihre Kunden regional verankert? Rekrutieren Sie sich – etwa bei einem kleinen Bäcker in einem Siedlungsgebiet – aus Ihrer Nachbarschaft oder sind sie eher Durchreisende – etwa bei einem kleinen Bäcker an einer großen Durchfahrtsstraße am Rande eines Industriegebiets? Aus diesem Wissen ergeben sich auch Bedürfnisse, die Ihre Kunden haben und die Sie nicht nur in der Wahl Ihrer Marketing-Instrumente, sondern auch im konkreten Ausbau Ihres Angebotes berücksichtigen sollten oder es vielleicht bereits tun. Der Durchreisende etwa will schnell einkaufen aber dennoch gern etwas „handfestes" essen. „Essen wie bei Muttern" liest man nicht umsonst häufig an Imbissbuden für Fernfahrer, und die Drive-Ins der großen Fast-Food-Ketten liegen zwecks schneller Erreichbarkeit in Industriegebieten oder an Autobahnauf- und -abfahrten. Können Sie sich das Wissen um den Erfolg und die Strategien der anderen zunutze machen und – Ihrer eigenen Firmenphilosophie angepasst – in Teilen adaptieren?

Virtuell: Das Internet ist ein sehr weites und effizientes Marketing-Areal. Einige der in diesem Buch genannten Marketing-Instrumente werden ausschließlich online eingesetzt. Aber halten Ihre Zielgruppen sich überhaupt im Netz auf? Und wenn ja: Wie häufig tun sie das und zu welchem Zweck? In welchen Bereichen des Internets könnten potenzielle Kunden auf Sie stoßen?

Können Sie durch entsprechende Maßnahmen Personen Ihrer Zielgruppen auf bestimmte Seiten locken? Möglichkeiten dafür wären:

- ❏ Sie gehen eine Kooperation mit einer Community ein oder gründen selbst eine, die Sie dann allerdings auch aktiv betreuen und beleben müssen.
- ❏ Sie können steuern, über welche Wege Ihre potenziellen Kunden auf Ihre Internet-Präsenz stoßen. Das ist zum Beispiel möglich, indem Sie Keywords festlegen, über die Ihr Unternehmen bei Suchanfragen gefunden werden soll, etwa über Suchmaschinen-Optimierungstools wie *103bees.com*.
- ❏ Sie können sich selbst online dort tummeln, wo Ihre möglichen Kunden sind. Ein Beispiel: Ihre Zielgruppe gehört der „Generation 50+" an. Sie hatten auf eine Werbeanzeige in der *Brigitte Woman* –

deren Zielgruppe sind Frauen dieses Alters – eine hohe Rücklaufquote. Sie stellen fest, dass das Online-Forum von *Brigitte Woman* gut besucht ist. Sehr wahrscheinlich gehören die meisten der Forums-Nutzer Ihrer Zielgruppe an. Das Forum bildet also einen idealen Ort, um sich dort mit Artikeln zu positionieren oder über eine Viral-Marketing-Kampagne in diesem Forum nachzudenken.

Wahrnehmend: Sind Ihre Kunden eher der visuelle Typ? Schätzen Sie eine heimelige Atmosphäre, das Persönliche? Oder sind sie eher praktisch veranlagt, wollen schnell abrufbare und präzise aufbereitete Fakten? Spielen Ihre Kunden gern? Sind sie risikobereit? Oder eher akustisch ausgerichtet? Wenn Sie zum Beispiel Wohnaccessoires verkaufen, dann verrät Ihr Produkt selbst schon viel über Ihre Zielgruppe. Sie ist vermutlich vor allen Dingen weiblich, in jedem Fall zumindest auch visuell veranlagt, hat es gern schön und heimelig und einen Blick für Details. Ihre Kunden erwerben auch Gefühle und eine Lebensphilosophie. Sie kaufen nicht irgendeinen Toaster im Supermarkt, sondern einen besonderen Toaster – zum Beispiel einen, der in Form und Farbe perfekt auf ihre Kücheneinrichtung hin abgestimmt ist. Ihre Kunden suchen das Außergewöhnliche – und fühlen sich demnach auch nur durch Marketing-Maßnahmen angesprochen, die Ihrer Firma diesen „besonderen Touch" auch verleihen. Der Preis der Waren ist eher sekundär, und weil Ihre Kunden Ihre Produkte schätzen und sich in Teilen über diese definieren, sind Sie vermutlich eine gute Zielgruppe für stark personalisierte Newsletter (siehe Seite 125), die dem Empfängerkreis das Gefühl geben, zu einer Gruppe Ausgewählter zu gehören, denen explizite Angebote unterbreitet werden. Vielleicht können Sie sogar eine Funktion einbauen, die Ihre Kunden via Newsletter auf Ihre Website lockt, wo sie Angebote nach Farben vorfindet. Die neue Winterkollektion lieber in Beige-, Grün- oder Blautönen? So bieten Sie Ihren Kunden nicht nur schnell und exklusiv genau das, was diese sich wünschen, sondern können überdies wertvolle Erkenntnisse über Ihre Kunden sammeln. Welche Ihrer Kollektionsseiten wurden am häufigsten besucht, welche hatten die größten Verkaufserfolge? In diesen Bereichen können Sie Ihr Angebot ausbauen – offenbar liegen diese Farben zumindest bei Ihrer Zielgruppe im Trend.

Wer könnte noch zu meinem Kunden werden?

Bleiben wir bei dem Anbieter von Wohnaccessoires. Dessen Zielgruppe ist wie gesagt vor allen Dingen weiblich. Wäre es nicht schön, wenn man auch die Herren der Schöpfung als Käufer gewinnen könnte? Wo also liegen möglicherweise Berührungspunkte zwischen einem Bedarf der Männer und Ihrem Angebot? Denken wir einmal nach: Frauen lieben in der Regel Geschenke; Männer machen Ihren Frauen gern eine Freude, greifen dabei mangels alternativer Ideen sehr oft auf Blumen zurück. Beige Toaster mit dezenten Rankenapplikationen sind einfach sehr selten ihr Ding. Auf der anderen Seite aber gibt es da diese unzähligen Anlässe – Hochzeitstag, Geburtstag, Weihnachten und so weiter und so fort. Wie also wäre es mit einem Weblog (siehe Seite 109) oder einer Website (siehe Seite 54), das diese geschenkwilligen Rankenapplikationsverachter dort abholt, wo sie stehen und ihnen das Beglücken nahestehender Damen etwas leichter macht? Zum Beispiel durch dieser Zielgruppe angepasste, eher zielorientiert-sachliche Präsentation, vielleicht verbunden mit ein paar kurzen Tests: Die Frau an Ihrer Seite ist [bitte kreuzen Sie an]: sportlich, romantisch, praktisch veranlagt? Die Möbel in Ihrer Wohnung sind […]; Sie trägt am häufigsten […]; Ihr größter Wunsch ist […] – und am Ende spucken Sie dann eine Liste von Empfehlungen aus Ihrem Angebot aus, gestaffelt nach Preisklassen. Das Zusatzbonbon: Damit demnächst kein vergessener Hochzeits- oder Jahrestag etc. mehr für schlechte Laune daheim sorgt, kann der Mann diese Daten eingeben und wird fortan – ein Service von Ihnen – durch eine Mail an diesen Tag erinnert. Mit Geschenkempfehlungen, kurzen Bestellwegen und Lieferservice plus Kartenoption (gern mit Textvorschlägen), versteht sich.

Wie kann ich alle meine Kunden an ihrem Aufenthaltsort am besten erreichen?

Wir leben in einer Zeit der Informationsfülle. Um gefunden zu werden, muss man sich als Unternehmer ganz gehörig auf die Hinterbeine stellen. Und darauf, dass man gefunden wird, kann und sollte man sich nicht verlassen. Wer also ein Unternehmen mit Sogkraft schaffen will, muss seine Kunden dort abholen, wo sie stehen. Aber nicht irgendwie, sondern so, dass sie an diesem Ort auch wirklich auf Sie und Ihre Dienstleistung oder Ihre Produkte aufmerksam werden. Nehmen wir einmal an, Sie wissen, dass Ihre Kunden an Fachwissen rund um die Hausversicherung interessiert sind und mindestens zur gehobenen Mittelschicht gehören. Vermutlich lesen Ihre Kunden, um sich Wissen zum Thema anzueignen. Nun sind Sie Versicherungsexperte rund um das Eigentum und möchten gern Ihren Kundenstamm erweitern. Ein Buch (siehe Seite 94), das Sie als Experte ausweist, wäre nicht schlecht. So „verschenken" Sie in gewisser Weise Wissen und brächten sicherlich einige Leser dazu, sich bei Ihnen in guten Händen zu fühlen – vor allen Dingen dann, wenn Sie in Ihrer Autorenvorstellung punkten können und auch im Buch selbst deutlich und glaubhaft herausarbeiten, an welchen Stellen Ihre potenziellen Kunden sehr gut allein weiterkommen und an welchen sie lieber auf professionelle Hilfe zurückgreifen sollten und warum. Sie müssen an dieser Stelle gar nicht explizit erwähnen, dass *Sie* der Beste wären, um an diesen Punkten weiterzuhelfen, sollten aber darauf hinweisen, dass Sie diese Dienstleistung anbieten.

So weit, so gut. Nun schreiben Sie also tatsächlich ein solches Buch, und wir nehmen einmal an, Sie hätten alles bedacht und das Buch wäre inhaltlich und formell rundum überzeugend und optisch ansprechend umgesetzt; es verfügt zudem über ein besonderes Gimmick, etwa einen Kalkulator auf einer beiliegenden CD-ROM für den Eigenbedarf (oder noch besser einen herunterladbaren Kalkulator auf Ihrer Website, auf den im Buch an prominenter Stelle verwiesen wird). Nun nutzt Ihnen dieses hervorragende Buch aber sehr wenig, wenn es Ihre potenziellen Kunden nicht erreicht. Dies könnte etwa der Fall sein, wenn Ihr Buch schlecht positioniert ist. Es kommt zum Beispiel in einem Regionalverlag heraus, was Ihre Zielgruppe stark einschränkt. Oder es erscheint in einem Verlag, der in der Regel keine Versicherungs- oder Hausthemen in seinem Programm hat, eigentlich Liebesromane verlegt und jetzt erst einen neuen Ratgeberbereich aufbaut, in dem Ihr Buch rund um die Hausversicherung der erste Titel ist. In diesen und anderen Fällen wird Ihre viele Arbeit nur wenig oder keine Früchte tragen – was schade wäre und vermeidbar. In einem Fachverlag hingegen oder auch in einer entsprechenden Reihe eines großen Publikumsverlages rund um den Hausbau wäre Ihr Buch gut aufgehoben und hätte sicherlich mehr Erfolg für Ihren Kundenzuwachs. Nun ist es mit der guten Positionierung im Verlag aber noch nicht getan – auch Sie selbst können und sollten Werbung für Ihr Buch machen. Sie vermuten, dass Ihre Kunden zumindest zu Teilen auch im Internet nach Informationen suchen werden? Positionieren Sie also noch ein paar Fachartikel (siehe S. 106) zum Thema und verweisen Sie dort auf Ihr Buch und Ihre Website. Erstellen Sie ein Blog (siehe S. 109), bieten Sie einen Newsletter (siehe S. 121) an. Werden Sie in Foren aktiv (siehe S. 138), in denen Ihre Zielgruppe sich Ihren Kummer von der Seele schreibt und sich gegenseitig Rat gibt. Geben Sie hier selbst Rat und verweisen Sie in Ihrer Signatur deutlich auf Ihre Dienstleistung – werben Sie aber nicht in Ihren Posts für sich.

Informieren Sie sich über Messen (siehe S. 169) zum Thema. Gibt es dort auch Expertenvorträge? Prima – dann wären Sie doch genau der Richtige! Visitenkarten und Broschüren (siehe S. 48/50) – mit Hinweis auf Ihr Buch und Ihre Website etc. – haben Sie natürlich dabei, legen sie an prominenter Stelle aus und weisen darauf hin, dass sich darin auch noch einige interessante Checklisten befinden, die Ihren potenziellen Kunden helfen können (einmal mehr siehe S. 50 ff.).

Diese Liste ließe sich endlos fortführen.

 Ihre Kunden sind dort draußen und warten auf Sie – gehen Sie zu ihnen, nehmen Sie sie bei der Hand und zeigen Sie ihnen, was Sie zu bieten haben.

Wie kann ich meine Kunden von mir und meinem Angebot überzeugen?

Wie Sie Ihre Kunden überzeugen, dafür finden Sie auf den folgenden Seiten mit den von uns vorgestellten Marketing-Instrumenten viele Anregungen und konkrete Vorschläge. Überlegen Sie gut, welche Marketing-Instrumente Sie nutzen wollen. Stimmen Sie Ihre Aktionen so weit wie irgend möglich auf Ihre Zielgruppe ab. Lernen Sie aus dem Erfolg oder Misserfolg Ihrer Positionierungsschritte und wachsen Sie daran. Der Einsatz der Marketing-Tools schärft auch Ihren Blick für Ihren Stand als Unternehmer oder Unternehmen und verrät Ihnen – richtig ausgewertet und sorgsam dokumentiert – viel über Ihre Zielgruppe, das Sie für weitere Marketing-Aktionen aber auch für Ihr Angebotsportfolio selbst nutzen können. Je besser Sie sich positionieren, desto sicherer können Sie sich sein, dass man Sie auch langfristig findet – und Sie von Herzen weiter empfiehlt.

Das eigene Leistungsspektrum und die Alleinstellungsmerkmale

Um selbstbewusst Ihre Leistungen anbieten und sonstige Qualitäten darstellen zu können, aber auch, um zielführend weiter über das Pro und Contra von Marketing-Tools für Ihr Unternehmen nachdenken zu können, müssen Sie sich sicher sein, worin die Qualitäten Ihres Unternehmens überhaupt bestehen. Das klingt banal? Ist es aber nicht.

Das Leistungsspektrum Ihres Unternehmens

Die Auslöserfrage, um einen Elevator Pitch (siehe S. 43) an den Mann oder die Frau zu bringen, lautet: „Und was machen Sie so beruflich?" Also, was machen Sie eigentlich beruflich? Schon lange, bevor Sie Ihre Kurzpräsentation vorbereiten, müssen Sie sich darüber im Klaren sein, am besten *vor* der Gründung Ihres Unternehmens. Natürlich verändern sich Ihre Tätigkeitsfelder im Verlauf Ihres Unternehmertums, einige kommen vielleicht hinzu, andere fallen weg, die Schwerpunkte Ihres Kerngeschäfts oder Ihre Zielgruppe variieren. Aber irgendwie müssen Sie ja anfangen. Also: Mit welchen Tätigkeiten in Ihrem Portfolio gründen Sie oder haben Sie gegründet?

Viele Unternehmensberatungen plädieren dafür, dass ein Unternehmer sich spezialisieren sollte, zumindest zu Beginn. Und es gibt gute Gründe dafür, etwa den, dass Kunden in einem „Gemischtwarenladen" keinen Experten vermuten. Das stimmt zwar nicht immer, aber was nützt Ihnen das, wenn Sie wegen dieses Vorurteils die Jobs nicht bekommen?

Ein anderer Grund, der für eine Spezialisierung spricht, ist, dass man seine Arbeitsproduktivität und -effektivität steigern kann, weil man die Aufgaben seines Spezialisten-Tuns aus dem Effeff beherrscht.

Es gibt noch einige andere gute Gründe, sich zu spezialisieren, aber auch Gefahren. Doch das ist hier nicht unser Thema. An an dieser Stelle möchten wir Ihnen ein erhellendes und gut lesbares Buch rund um die Spezialisierung empfehlen: Kerstin Friedrich: *Erfolgreich durch Spezialisierung*, Heidelberg 2007.

Egal, ob Sie sich entscheiden, als Spezialist oder Generalist den Markt zu erobern: Arbeiten Sie Ihre Tätigkeiten immer wieder sauber heraus. Nur, wenn Ihnen selbst klar ist, welches Leistungsspektrum Sie abdecken, können sie es auch einfach, exakt und einfallsreich kommunizieren.

Am Ende Ihrer Überlegungen zu Ihrem Leistungsspektrum sollten Sie vor einem kurzen oder längeren Katalog Ihrer Dienstleistungen sitzen. Und all diese Leistungen und nur diese bieten Sie auch an. Jedenfalls so lange, bis Sie sich bewusst (!) entscheiden, Ihr Leistungsspektrum zu verändern.

All diese Leistungen anbieten meint: Sie sollten in jeder Situation, vor allem in jedem Gespräch mit potenziellen Kunden ihr Leistungsspektrum immer und möglichst komplett im Kopf haben und das Gespräch in neue Bahnen lenken können, wenn Sie bemerken, dass der Kundenbedarf entweder weitgesteckter ist als bisher vermutet oder gar in einem anderen Tätigkeitsfeld liegt.

z.B. Ein Beispiel aus der Praxis: Ein möglicher Kunde ruft bei Texterin Elke Fleing an und bittet um ein Angebot über Texte für seine Firmenbroschüre. Kein Problem – Werbetexte gehören zu ihrem Kerngeschäft. Der Interessent erklärt, dass er sich in der Gründungsphase befände und entsprechend nur ein begrenztes Werbebudget ausgeben wolle. Aber eine Firmenbroschüre müsse ja wohl sein. Als klar wird, dass er für eine extrem am Internet orientierte Zielgruppe tätig ist, schlägt Elke ihm vor, nicht die Broschüre zu texten, sondern stattdessen die Texte auf seiner Website umzuschreiben, weil die sehr techniklastig seien und nicht auf den Kundennutzen abstellen. Um die Site bekannter zu machen, könne man flankierende Marketing-Maßnahmen ergreifen, so Elkes zusätzliche Idee. Überraschung auf Seiten des Interessenten, der Elke über das Copyright in einer Broschüre fand; „Ach, Online-Texte und -Marketing machen Sie auch?" Ja, macht sie. Das Ergebnis dieses Gesprächs: Der Kunde hat bis heute keine Broschüre und Elke überarbeitete seine Webtexte und unterstützte ihn bei der Promotion seiner Site.

Nur diese Leistungen anbieten bedeutet, sich nicht von einem winkenden Auftrag dazu verführen lassen, Jobs zu übernehmen, in denen Sie nicht wirklich gut sind oder deren Annahme einen unverhältnismäßig hohen Aufwand für Sie bedeuten würde. Wenn Sie sich für *einen* spannenden neuen Auftrag in einen völlig neuen Aufgabenbereich reinfummeln müssen, komplett neue Netzwerkbeziehungen, Medien-, Lieferanten- oder Dienstleisterkontakte benötigen, ist die Verhältnismäßigkeit wahrscheinlich nicht mehr gegeben und Ihr Stundenlohn unter dem Strich am Ende lausig.

Was unterscheidet Sie von den Mitbewerbern?

Aber zurück zu den Kunden: Da Sie herausgefiltert haben, welche Leistungen Sie anbieten, könnten diese nun eigentlich langsam kommen. Aber warum sollten sie gerade bei Ihnen anfragen?

Schön wäre es natürlich, wenn niemand anderes in nah und fern die gleichen oder ähnliche Leistungen anbieten und gleichen oder ähnlichen Nutzen für die Kunden sicherstellen könnte wie Sie. Dann stünde einem Anfrage-Run praktisch nichts mehr im Weg und Sie könnten diesen Teil unseres Buches überspringen. Doch leider ist die Wahrscheinlichkeit groß, dass Ihr Unternehmen zu den zigtausenden gehört, die mehr als reichlich Mitbewerber haben.

Sie brauchen also gute Gründe dafür, dass Kunden bei Ihnen statt bei Ihren Kollegen anklopfen. Sie müssen Ihren Kunden Vorteile bieten, die sie bei den Mitbewerbern nicht finden. Und: Ausschließlich die Wahrnehmung des Kunden entscheidet darüber, ob er Ihr Angebot für geeigneter als das Ihres Mitbewerbers hält. Wie Sie das persönlich sehen, spielt leider überhaupt keine Rolle.

 Wenn Ihr Produkt/Ihre Dienstleistung aus Sicht Ihrer Kunden ein oder mehrere unverwechselbare, einzigartig nützliche Merkmale enthält, dann haben Sie Ihr Alleinstellungsmerkmal oder Ihre einzigartige Kombination von Alleinstellungsmerkmalen.

Eine solche Kombination von Alleinstellungsmerkmalen kann zum Beispiel bessere Qualität bei niedrigerem Preis sein.

Begeben Sie sich auf die Suche nach Superlativen (schnellster, erster, billigster, kleinster, größter ...), die für Ihre Produkte/Dienstleistungen anwendbar sind oder ob das Adjektiv „einzig" auf einen Aspekt Ihres Angebots passt.

Einige *Beispiele für Alleinstellungsmerkmale* sind: Neuartige Produkt-/Dienstleistungseigenschaften oder neuartige Kombinationen von bereits Bekanntem; höchste Lebensdauer; beste Qualität; bester Service; kleinstes Maß; größtes Maß; umweltfreundlichste Produkteigenschaf-

ten; bestes Preis-Leistungs-Verhältnis oder bestmögliche Unterstützung des Arbeitsprozesses.
Der *Kundennutzen* ist etwa vorhanden, wenn Ihr Kunde mithilfe Ihres Produktes sein Problem lösen kann, um damit selbst wieder schneller am Markt agieren zu können; durch Kauf/Einsatz Ihres Produktes spart, etwa Geld, Zeit, Platz, Energie oder bei Erwerb/Nutzung Freude oder Zufriedenheit empfindet.
Neben diesen leicht erfassbaren Dispositionen sind auch andere fernab der rational erklärbaren von Bedeutung – etwa Vertrauen in den Hersteller; ein gutes Gefühl wegen guter eigener Erfahrungen mit einem Produkt desselben Herstellers; Image und Status oder Sicherheit.
Ihr Unternehmen muss also einzigartig sein – und zwar in so vielen Punkten und so nützlich für Ihre Kunden wie möglich. Allerdings:

Sie müssen Ihre Alleinstellungsmerkmale nicht nur herausfinden, sondern auch verbreiten.

Der englische Ausdruck für Alleinstellungsmerkmal ist *Unique Selling Proposition*, kurz USP, und wurde 1940 von Rosser Reeves in die Marketing-Theorie und -praxis als ein einzigartiges „Verkaufsversprechen" im Rahmen der Werbung für ein Produkt oder eine Dienstleistung eingeführt. Dieses Alleinstellungsmerkmal sollte den Nutzen des zu vermarktenden Produkts oder der Dienstleistung von den Produkten/Dienstleistungen der Wettbewerber abheben. Der in Anspruch genommene Nutzen bezog sich zunächst auf eine konkrete Eigenschaft, die andere Produkte/Dienstleistungen nicht aufweisen oder nicht für sich in Anspruch nehmen. Sie werden mit Blick auf Ihre Mitbewerber feststellen, dass es heutzutage enorm schwierig ist, Dienstleistungen oder Produkte mit einzigartigen Eigenschaften anzubieten. Es gilt also, *Alternativen* zu finden zur einzigartigen Produkteigenschaft, um sich von der Konkurrenz abzuheben.
Eine weitere Möglichkeit, sich vom Mitbewerb positiv zu unterscheiden, wäre ein verhältnismäßig *niedriger Preis*. Allerdings werden Sie als Kleinunternehmer mit dieser Herangehensweise nicht lange existieren können. Mit Dumpingpreisen schlittern Sie unweigerlich in die

Insolvenz. Nebenbei machen Sie auch Ihren Kollegen das Leben nicht leicht, Sie beschädigen den Markt und sind in Netzwerken daher sicherlich nicht gut gelitten, wenn Sie für 15 Euro anbieten, was andere – zu Recht – auf 55 Euro pro Stunde kalkulieren. Nicht zuletzt zieht billige Ware auch „billige" Kunden. Wer das Besondere sucht und gute Arbeit entsprechend zu würdigen weiß, verläuft sich bestimmt nicht zu Ihnen mit Ihren Dumpingpreisen. Die anderen wollen in der Regel maximale Leistung von Ihnen für minimale Kosten auf Kundenseite. Das ist das Bauer-und-Scholle-Prinzip. Immer weiter knechten, bis nichts mehr übrig ist. Und Sie können sich noch nicht einmal beschweren, denn Sie haben sich ja selbst in diese Situation hineinmanövriert. Also rundum keine gute Idee.

Sie können Ihre Einzigartigkeit dadurch manifestieren, dass Sie sich auf *Nischen-Zielgruppen oder sehr spezifische Dienstleistungen* spezialisieren. Wenn Sie etwa Texter oder Autor sind und profunde Kenntnisse über Weine haben, könnten Sie sich auf Texte aller Art spezialisieren, die direkt oder indirekt mit Wein zu tun haben. Natürlich müssen Sie vorab in einer Marktanalyse herausfinden, ob es in Ihrem Sprachraum überhaupt genug potenzielle Kunden gibt und ob sich nicht schon zu viele Mitbewerber auf genau Ihre Nische spezialisiert haben. Prinzipiell ist diese Nischen-Spezialisierung aber ein probates Mittel, um sich von den Mitbewerbern abzuheben.

Insbesondere bei Dienstleistungen können Sie auch Alleinstellungsmerkmale auf *psychologischer Ebene* schaffen. Viel mehr noch als bei Vermarktern von Produkten kommt es hier darauf an, dass die Kunden Vertrauen in die Person des Unternehmers setzen. Beim Vermarkten von Produkten können Sie Vertrauen in das Unternehmen aufbauen. Dienstleister aber sind quasi identisch mit ihrem Produkt. Außerdem sind sie nichts, was man anfassen, testen oder mit den fünf Sinnen wahrnehmen kann, also etwas ziemlich Abstraktes und ihr Nutzen damit weniger greifbar als der eines Produkts.

 Dienstleister können, um Aufträge zu generieren, nur dafür sorgen, dass Kunden einen Vertrauensvorschuss in Person, Fähigkeiten und Fertigkeiten des Dienstleisters investieren.

Unter dem Stichwort „Empfehlungs-Marketing" werden Sie ausführlicher darüber lesen. Finden Sie also heraus, in welchen Punkten Sie den psychologischen Vertrauensvorschuss der Kunden aufgrund Ihrer Stärken besonders einfordern können. Und natürlich sollten Sie umgekehrt wissen, wo Ihre Schwächen liegen. Mit diesen Schwächen sollen Sie natürlich nicht werben. Aber wenn einem Kunden eine Fähigkeit oder Fertigkeit besonders wichtig ist, die Sie nicht so gut beherrschen, sollten Sie fair – und vernünftig – genug sein, diesen Auftrag abzulehnen und stattdessen etwa einen Netzwerkkollegen empfehlen. Fairness gehört zu den von allen geschätzten Eigenschaften. Dieser Wesenszug wird Ihnen mit Sicherheit positiv anhaften, wenn Sie ihn konsequent leben.

Die Marketing-Instrumente zielgruppengerecht verzahnen

Kommen wir nun also noch einmal vertiefend zum Kernthema unseres Buches: der hervorragenden Positionierung. Denn wir behaupten: Ihr Unternehmen ist erst dann hervorragend positioniert, wenn es Ihnen gelingt, alle zu Ihnen passenden Marketinginstrumente optimal miteinander zu verzahnen. Dann nämlich entwickeln Ihre Aktivitäten Eigendynamik und lassen Ihr Unternehmen jene Sogkraft entwickeln, durch die die Kunden zu Ihnen finden. Sie werden wahrscheinlich nicht alle hier genannten Marketinginstrumente nutzen. Vielleicht ziehen Sie auch weitere hinzu, die wir Ihnen auf den folgenden Seiten aus Platzgründen nicht vorstellen. Und wahrscheinlich werden Sie nicht immer alle Instrumente gleichzeitig einsetzen. Auch können nur Sie individuell entscheiden, was genau für Ihr Unternehmen und Ihre anvisierte Zielgruppe der richtige Weg ist. Welche Marketinginstrumente zu Ihrem Ziel führen, müssen Sie strategisch entscheiden, nach Plan und nicht willkürlich.

Checkliste Marketing-Plan erstellen

Ist-Zustand erfassen: Was ist vorhanden? Welche Produkte oder Dienstleistungen, was für ein Unternehmen mit welcher Unternehmenskultur und welchem Geschäftsmodell, welche Marken führen Sie? Welchen bisherigen Marketingmix setzen Sie ein?
Mission/Strategie definieren: Wer braucht, was ich biete? Zielgruppen herausfinden, Marktforschung betreiben, die eigenen Stärken und Schwächen definieren, den Mitbewerb analysieren, die eigenen Vertriebsmöglichkeiten abgleichen.
Marketing-Plan erstellen: Was tun? Bedürfnisse der Zielgruppen, Nutzen/Vorteile für die Zielgruppen, Marktlücken herausfinden, Marketing-Budget festlegen, Marketing-Instrumente auswählen, Maßnahmen beschließen.
Maßnahmen: Wie umsetzen? Aktionsplan erstellen, Aufgaben verteilen, Projektplan erstellen: Wer tut wann was, Maßeinheiten, Projektleitung auswählen, festlegen, was im Unternehmen selbst umgesetzt wird, und was außer Haus gegeben wird, etwa an eine Agentur.
Erfolg kontrollieren: Was ändern? Ziel erreicht? Soll-Ist-Vergleich anstellen bezüglich der Zeit, der Kosten, des Gewinns. Alle zufrieden? Was sollte für die nächste Phase geändert werden?

Bei der grundsätzlichen und der temporären Auswahl der einzusetzenden Marketing-Instrumente beachten Sie zwei Punkte:

1. Sie müssen die passenden Marketing-Instrumente herausfiltern.

Passen müssen die einzusetzenden Marketing-Instrumente natürlich zu Ihrem Unternehmen, Ihren Produkten und Dienstleistungen. Wenn Sie zum Beispiel ein sehr seriöses, eher sachlich wirkendes Unternehmen mit langer Tradition führen, sind kesse Sprüche im Jugendslang keine gute Idee.
Aber vor allem muss die Auswahl Ihrer Marketinginstrumente zu Ihren Zielgruppen passen und in den realen und virtuellen Räumen stattfinden, in denen sich Ihre Zielgruppen bewegen. Sind Ihre mög-

lichen Kunden zum Beispiel unter Jugendlichen mit Begeisterung fürs Internet zu suchen, werden Sie mit der Veröffentlichung eines hochwissenschaftlichen Buches, das ausschließlich über Fachbuchhandlungen zu beziehen ist, keinen großen Erfolg erzielen. Für eine Fußpflegerin, deren Kunden sich ausschließlich aus über 70-Jährigen in einem abgeschiedenen Bergdorf rekrutieren, ist eine Werbung mittels Handy-Klingeltönen ebenso wenig sinnvoll.

2. **Alle ausgewählten Marketing-Instrumente müssen zur Corporate Identity Ihres Unternehmens passen.**

Corporate Identity ist der Charakter Ihres Unternehmens. Und zwar der gesamte Charakter. Eine stimmige und konsequente Einhaltung der Corporate Identity sorgt dafür, dass ein Unternehmen nach außen „wie aus einem Guss" wirkt. Das gibt den Kunden ein sicheres Gefühl und sorgt für ein stringentes und stimmiges Bild in der Öffentlichkeit sowie für eine stärkere Identifikation der Mitarbeiter mit dem Unternehmen.

Die Corporate Identity eines Unternehmens setzt sich zusammen aus:

Corporate Design – das ist die visuelle Identität, das Gesicht des Unternehmens. Hierzu gehört alles von Farbe und Form des Logos bis zur Gestaltung des Firmengebäudes.

Corporate Communication – darunter versteht man die Unternehmenskommunikation. Sie spiegelt sich sowohl in der Werbung und der Öffentlichkeitsarbeit als auch in der internen Kommunikation wider.

Corporate Behaviour – sie bezeichnet das Verhalten des Unternehmens gegenüber Mitarbeitern und Kunden sowie das Verhalten der Mitarbeiter sowohl untereinander als auch im Umgang mit Kunden und Lieferanten.

Corporate Philosophy – das ist die über allem stehende Unternehmensphilosophie.

Corporate Culture – sie steht für die praktische Umsetzung der Unternehmensphilosophie.

Corporate Image – sie spiegelt den zentralen Leitgedanken eines Unternehmens wider und vermittelt dadurch Glaubwürdigkeit und Vertrauen.

2.
Die Top 20 der Marketing-Instrumente

Sie wollen Ihrem Unternehmen Zugkraft verleihen, dafür sorgen, dass die Kunden von allein kommen. Sie wissen jetzt, dass Sie ständig und auf vielen Ebenen dafür sorgen müssen, dass Ihr Unternehmen bekannt wird und es einen guten Ruf hat. Sie haben herausgefiltert, wo Sie Ihre Zielgruppen, die Sie mit Ihren Produkten und/oder Dienstleistungen beglücken wollen und können, antreffen und über welche Kanäle sie zu erreichen sind.

Dann lernen Sie jetzt die 20 wichtigsten Marketing-Instrumente kennen und überlegen Sie, wann, wo und wie Sie – nacheinander oder auch gleichzeitig – die einzelnen Instrumente einsetzen können.

Am besten, Sie legen sich beim Lesen gleich einen Papier und Stift – oder den Laptop – daneben und machen sich Stichpunkte, wenn Ihnen bei der Lektüre gute Ideen für Ihr eigenes Marketingkonzept kommen. Gute Ideen sollte man unbedingt festhalten. Sie sind bares Geld.

Elevator Pitch

Stellen Sie sich folgende Situation vor: Sie wollten schon immer für Siemens texten. Eines Tages lernen Sie auf einer Grillparty Hans-Werner kennen, den Freund eines Freundes. Fast trifft Sie der Schlag, als Sie im Small Talk zwischen Wurst und Bulette herausfinden, dass Hans-Werner bei Siemens arbeitet. Und nicht nur das: Er sitzt in genau der richtigen Position, um Ihnen den Auftrag Ihrer Träume erteilen zu können – wenn er nur wüsste, dass Sie genau der Mensch sind, der diesen Auftrag perfekt umsetzen kann.

Aber das Schicksal ist gut zu Ihnen, denn kurz darauf bekommen Sie Ihre Chance. Hans-Werner prostet Ihnen lächelnd zu und fragt: „Und was machen Sie so beruflich?"

„Ähm, also …", antworten Sie, um Zeit zu gewinnen – und haben damit bereits den ersten Fehler gemacht.

Denn schon an dieser Stelle werden wichtige Weichen gestellt. Zum Beispiel die, ob

❏ Sie sympathisch rüberkommen, das Gespräch also dazu angetan ist, Ihrem Gegenüber Lust auf einen längeren Plausch zu machen.
❏ Sie souverän, kompetent und professionell wirken.
❏ es Ihnen gelingt, Ihren Gesprächspartner neugierig auf Ihr Unternehmen, Ihre Tätigkeit zu machen.

All das und noch viel mehr entscheidet sich in den ersten Sekunden eines Gesprächs. Und es entscheidet sich, ob Ihr Gegenüber Ihnen mehr von seiner Zeit zur Verfügung stellt. Zeit, die Sie nutzen können, ihn tatsächlich von sich und Ihrem Unternehmen zu überzeugen.
Diese Chance sollten Sie keinesfalls vertun, denn Sie bekommen keine zweite für den so wichtigen ersten Eindruck. Sie können aber – gut vorbereitet – diese ersten Minuten der Begegnung mit einem Unbekannten auch schon ausgezeichnet dazu nutzen, Ihrem Unternehmen Zugkraft zu verleihen:

 Elevator Pitch heißt das mächtige Marketing-Instrument, das immer dann zum Zuge kommt, wenn Sie gefragt werden: „Und was machen Sie beruflich?" Es lohnt sich, viel Mühe in Erarbeitung und Präsentation Ihres Elevator Pitches zu investieren, denn beim Kennenlernen ist genau das fast immer eine der ersten Fragen.

Was ist ein Elevator Pitch?

Was ist das nun eigentlich – ein Elevator Pitch? Übersetzt bedeutet der Begriff „Fahrstuhl-Präsentation". Er kommt aus Amerika, dem Land der Wolkenkratzer und entsprechend langen Fahrstuhlfahrten. Elevator Pitch steht für eine Selbst- und Unternehmensdarstellung, die etwa 30 Sekunden bis zwei Minuten in Anspruch nimmt. So lange eben, wie eine Fahrstuhlfahrt dauern würde, die man mit einer Zufallsbekanntschaft gemeinsam verbringt.
In seiner Kürze liegt auch eine der Hauptschwierigkeiten beim Erstellen eines guten Elevator Pitches: Sehr komplexe Inhalte müssen auf wenige Sätze verdichtet werden. Wenige Sätze, die sehr überzeugend

Die Kürze eines Elevator Pitches ist aus zwei Gründen gewollt:

- ❏ Viele Entscheider leiden unter chronischem Zeitmangel und sind nicht bereit, Ihnen länger als wenige Sekunden aufmerksam zuzuhören.
- ❏ Was sich inhaltlich nicht auf den Punkt bringen lässt, ist auch noch nicht ausgereift. Und was noch nicht ausgereift ist, sollte noch einmal gründlich durchdacht werden, ehe es präsentiert – und ernst genommen werden kann. Ganz gleich, ob im Aufzug, in der einer Vorstellungsrunde oder am Telefon.

sind. Sätze, die neugierig machen, mehr zu erfahren und die gleichzeitig wie eine Einladung zum Gespräch wirken.

Was ein Elevator Pitch beim Zuhörenden auf keinen Fall auslösen darf, hat Hannes Treichl in seinem Blog „Anders denken" sehr treffend formuliert:

Du hast den Text für deinen Elevator Pitch hervorragend auswendig gelernt, mich 30 Sekunden vollgequasselt, mir erzählt, wie großartig du bist, und was du schon alles gemacht hast, wie viele Entwickler in deinem Team arbeiten und welchen Trends deine Geschäftsidee folgt.

Aber du hast mir nie erklärt, was du mir bieten kannst, das mein Leben einfacher macht, unabhängig davon, ob ich nun dein Kunde werden soll, dir einen Geschäftskontakt vermitteln oder einfach nur Kritiker sein soll.

(Quelle: hannestreichl.com/index.php/elevator-pitch-tipps/)

Die folgende Checkliste hilft Ihnen, damit Ihr Elevator Pitch weder als marktschreierischer Werbetext noch als fade Aneinanderreihung von Zahlen daherkommt.

Checkliste Elevator Pitch

Die Zielgruppe definieren: Sprechen Sie mit einem eventuellen Kunden, Partner oder Geldgeber? Vielleicht brauchen Sie für unterschiedliche Zielgruppen, Anlässe oder Schwerpunkte Ihres Unternehmens auch unterschiedliche Elevator Pitches. Ganz wichtig ist nämlich, dass ein guter Elevator Pitch nie nach „von der Stange" klingt, sondern auf den Bedarf jedes Gesprächspartners und jede Gesprächssituation individuell zugeschnitten ist.

Sprechen Sie bildhaft und erzählen Sie spannend: Benutzen Sie, besonders für den Einstieg, Bilder, Vergleiche und konkrete Beispiele, auch Fragen oder eine gute Geschichte. Je bildhafter Sie erzählen, umso eher werden Sie die Aufmerksamkeit Ihres Zuhörers gewinnen und ihm in Erinnerung bleiben, weil Bilder und Beispiele Assoziationen beim Hörer hervorrufen, die ihm in entsprechenden Situationen wieder in Erinnerung kommen.

Begeisterung zeigen und erzeugen: Erzählen Sie auf eine Art und Weise – auch mittels Ihrer Körpersprache – aus der Begeisterung und Engagement herausklingt. Enthusiasmus – dosiert gezeigt – steckt an. Und genau das wollen Sie mit Ihrem Elevator Pitch erreichen: andere von sich, von Ihrem Unternehmen begeistern.

Problemlösungen anbieten, Vorteile aufzeigen: Preisen Sie nicht Ihre tollen Produkte und Dienstleistungen an. Erklären Sie kurz, knackig und anschaulich, welche der Probleme Ihres Zuhörers Sie lösen und wie Sie ihm sein Leben erleichtern können. Oder welche Vorteile er durch eine Zusammenarbeit mit Ihrem Unternehmen hätte.

Das Gesicht Ihres Unternehmens vor den Augen des Gesprächspartners modellieren: Stellen Sie Ihre Alleinstellungsmerkmale heraus. Machen Sie klar, was Sie von Ihren Mitbewerbern unterscheidet, warum Ihr Unternehmen besser geeignet ist als andere, die Probleme zu lösen oder die Vorteile zu schaffen. (Dazu ausführlicher in Teil 3 dieses Buches.) Und natürlich gilt auch hier: So anschaulich, beispielhaft, bildhaft wie möglich.

Ein echtes Gespräch herausfordern: Regen Sie Ihren Gesprächspartner zum Dialog an, stellen Sie Fragen und „verführen" Sie ihn dazu, auch selbst Fragen zu stellen. Rattern Sie keinesfalls einfach Ihr auswendig gelerntes Sprüchlein herunter. Dass Sie Ihren Pitch nicht aufschreiben und bei Bedarf hervorholen und ablesen können, versteht sich von selbst.

Die Gefühle ansprechen: Das Tier Homo Sapiens entscheidet zu weit mehr als 70 Prozent nach Gefühlen, nicht mit dem Verstand. Machen Sie also neugierig, argumentieren Sie Ihren Gesprächspartner nicht unter den Tisch, sondern packen Sie ihn bei seinen Emotionen.

Üben, üben, üben: Lesen Sie sich Ihren Elevator Pitch so oft laut vor, bis Sie sicher sind, dass nichts mehr sprachlich unrund ist oder wie eine leere Phrase wirkt. Jedes Wort muss sitzen, keines darf fehlen und keines darf zu viel sein. Holen Sie sich Freunde und Bekannte als Sparringspartner und üben Sie Ihren Elevator Pitch, damit er im entscheidenden Moment locker, selbstverständlich, voller Leichtigkeit und souverän wirkt und alle wichtigen Elemente enthält, die nötig sind, damit Ihr Gesprächspartner sich für Ihr Unternehmen interessiert.

Sprechen Sie mit Ihrem Elevator Pitch Ihr Gegenüber buchstäblich an. Machen Sie ihm klar, inwiefern Ihr Angebot sein Leben schöner, einfacher, angenehmer werden lässt.

Literatur

- Joachim Skambraks: *30 Minuten für den überzeugenden Elevator Pitch.* Offenbach 2004 (2. Auflage)
- Giso Weyand: *Elevator Pitch. Überzeugen in dreißig Sekunden.* Live-Mitschnitt eines Vortrags auf DVD. 2007

Links zum Thema

- Beispiele aus dem Elevator Pitch-Wettbewerb von *www.gruendungszuschuss.de*: *gruendungszuschuss.de/networking/elevator-pitch/beispiele-aus-wettbewerb.html*
- *www.arbeitsratgeber.com/elevator-pitch_0245.html*

Gedruckte Unternehmenspräsentationen

Auch in unseren hoch technisierten Zeiten sind wir noch weit entfernt davon, in papierlosen Büros zu arbeiten. Ihrem gedruckten Unternehmensauftritt müssen Sie demnach große Aufmerksamkeit widmen. Lassen Sie ihn so wirken, wie Sie selbst, wie Ihr Unternehmen interpretiert werden soll: professionell, vertrauenerweckend, überzeugend – und möglichst auch außergewöhnlich, um besser in Erinnerung zu bleiben.

Alle Druckerzeugnisse zur Unternehmenspräsentation sollten zu Ihrer Corporate Identity passen. Das bedeutet, dass Layout, Schriftwahl, Farbgebung, inhaltliche Kernaussagen und Stil Ihrer Texte wie aus einem Guss wirken und zu Ihrem Unternehmen passen müssen.

Welche Druckerzeugnisse Sie für Ihr Unternehmen tatsächlich benötigen, hängt stark von Ihren geschäftlichen Tätigkeiten und natürlich von Ihren Zielgruppen ab. Auf jeden Fall aber benötigt jeder Unternehmer eine Visitenkarten – sie ist Thema des nächsten Abschnitts.

Die Visitenkarte

Auch bei so einem kleinen Kärtchen gibt es einiges zu bedenken, damit sie professionell daherkommt:

Die Gestaltung Ihrer Visitenkarte

❏ Format: Es setzt sich immer mehr durch, Visitenkarten im üblichen Format von 90 mm x 50 mm Größe herstellen zu lassen. Natürlich können Sie Ihre Karte durch ein ungewöhnliches Format originell gestalten und „anders als die anderen" wirken. Aber dann lässt sie sich nur schlecht in Visitenkarten-Ständern, -Schachteln und -Mappen archivieren und wird möglicherweise gar nicht aufbewahrt oder sogar verbummelt, weil sie bei den Empfängen nicht am gleichen Ort ihren Platz findet wie andere Kontaktkarten. Ob Sie Ihre Visitenkarte im Hoch- oder Querformat bedrucken, ist Ihnen freigestellt, das hängt sicher oft auch von ganz pragmatischen Bedingungen wie der Größe Ihres Unternehmenslogos oder der Länge Ihres Unternehmensnamens ab.

❏ Schriftgröße: Es sollte auf der ganzen Karte durchgängig nur eine Schriftart in insgesamt zwei Größen verwendet werden: Eine 10-Punkt- bis maximal 14-Punkt-Schrift für Ihren Namen und eine kleinere Schriftgröße für alles andere. Bitte verwenden Sie mindestens 8-Punkt, kleinere Schriften sind kaum noch zu lesen. Wenn Sie einzelne Passagen optisch hervorheben wollen, tun Sie das durch Fettdruck.
❏ Farbe: Gestalten Sie Ihre Visitenkarten mehrfarbig, schwarz-weiß sieht bieder und langweilig aus. Achten Sie auf starke Kontraste zwischen Papier und Schrift, um eine optimale Lesbarkeit zu gewährleisten.
❏ Papier: Lassen Sie auf wertigem Karton drucken. Der haptische Eindruck ist besonders bei Visitenkarten sehr wichtig. Es gibt die Möglichkeit, Visitenkarten nach dem Druck lackieren zu lassen. Das wirkt edel und lässt Ihre Karten nicht so schnell schmuddelig werden. Der Nachteil: Auf der Lackierung lässt sich mit kaum einem Stift schreiben, was es den Empfängern Ihrer Karte erschwert, sich handschriftliche Notizen zu machen. Aus dem gleichen Grund plädieren wir auch dafür, die Visitenkarten nur einseitig zu bedrucken, obwohl die Rückseite eine gute Möglichkeit böte, Ihr Leistungsspektrum oder andere sinnvolle Zusatzinformationen abzubilden.
❏ Bilder: Um den Wiedererkennungswert Ihrer Visitenkarte zu erhöhen, sollte ein Bild – zum Beispiel ein Foto von Ihnen – oder eine Grafik, etwa das Firmenlogo auf der Karte zu sehen sein.
❏ Inhalt: Hier geht es um wirklich alle Informationen, die helfen, Sie zu erreichen: Ihr Unternehmensname, an präsentester Stelle Ihr Name mit Vorname – am besten Ihr Rufname – und allen Titeln, Ihre Postanschrift, Ihre Telefon- und Handynummer, Ihre E-Mail-Adresse, die URL Ihrer Firmenwebsite und – so sie eines schreiben – die URL Ihres Weblogs.

Da ja das Credo „Mein Unternehmensauftritt muss professionell wirken" über Ihrem Bett hängt, ist längst entschieden, dass Sie Ihre Visitenkarten von einer Druckerei herstellen lassen, statt sie mit Ihrem Homeoffice-Drucker zu erzeugen und selbst zu schneiden.

Sie können zwischen den inzwischen sehr zahlreichen Online-Druckereien und ortsansässigen Betrieben wählen. Die Druckereien im Internet sind in der Regel kostengünstiger, die Druckereien vor Ort bieten den besseren Beratungsservice. Eine Sammlung von Links zu Online-Druckereien finden Sie zum Beispiel hier: selbst-und-staendig.de: Artikel *Liste Online-Druckereien*

Schick sind sie geworden, Ihre Visitenkarten? Fein. Erstaunlich viele Unternehmer finden offenbar so großen Gefallen an den ihrigen, dass sie sich nur ungern davon trennen. Anders ist es kaum zu erklären, dass man oft sogar auf Business-Veranstaltungen Selbstständigen begegnet, die „ach, gerade keine Karte dabei" haben.

Checkliste zum Umgang mit Visitenkarten

- *Immer* dabei haben. Man weiß nie, wen man geschäftlich Interessantes beim Bäcker oder auf einer Privatparty kennenlernt.
- Geschützt transportieren, damit die Karten akkurat aussehen. Verschmuddelte oder verknickte Karten wirken unprofessionell.
- Der Korrespondenz beilegen. Auch wenn Ihre Kontaktdaten im Briefkopf stehen, können die Empfänger diese zusätzlich archivieren und Sie im Bedarfsfall leichter erreichen. Und solche Bedarfsfälle sind ja für Selbstständige unter Umständen Gold wert.
- Karte zu Beginn eines Gesprächs abgeben. In der Regel bekommen Sie dann direkt im Austausch die Karte Ihres Gegenübers, können sich seinen Namen und seine Funktion besser einprägen.
- Erhaltene Visitenkarten vor dem Einstecken lesen. Das ist ein Gebot der Höflichkeit.
- Später nur die Karten der für Sie wirklich interessanten Kontakte aufheben und sinnvoll und gut wiederfindbar archivieren.

Die Unternehmensbroschüre

Viele Gründer meinen, sie müssten unbedingt und von Beginn an eine Broschüre oder einen Folder haben, worin das eigene Unternehmen präsentiert wird. Wir möchten zwei Punkte zu bedenken geben:

❏ 1. Heutzutage hat wirklich fast jeder einen Internetanschluss und auf einer guten Website lässt sich ein Unternehmen durch die Verlinkungsmöglichkeiten viel übersichtlicher, durch Multimedialität viel anschaulicher und durch die problemlosen Änderungsmöglichkeiten viel aktueller präsentieren.
❏ 2. Besonders kurz nach der Gründung verändern sich das Leistungsangebot und das Profil eines Unternehmens noch sehr schnell, die Broschüre ist innerhalb weniger Monate oft nicht mehr aktuell und repräsentativ.

Unbedingt notwendig ist eine gedruckte Präsentation allerdings bei Unternehmen, die direkt darüber Kunden generieren. Das ist zum Beispiel der Fall, wenn regional begrenzt über Hauswurfsendungen das Unternehmen promoted oder um Kunden geworben wird. Vom Pizzabringdienst über die Fußpflege, den Reinigungsdienst, den Copyshop bis hin zum hauptsächlich regional arbeitenden Computerspezialisten: Sie alle sollten einen Flyer (auch Handzettel, der einseitig oder doppelseitig bedruckt ist), einen Folder (einen einfach oder mehrfach gefalteten Handzettel) oder gar eine Broschüre (eine mehrseitige Firmenpräsentation) nutzen.

Checkliste gedruckte Präsentation

Die folgenden Bestandteile müssen *unbedingt* enthalten sein:

❏ Unternehmenslogo und -name
❏ Ihr Name
❏ Alle Kontaktdaten: Postanschrift, Telefon und Faxnummer, E-Mail-Adresse, Internetadresse Ihrer Unternehmenswebsite und gegebenenfalls Ihres Weblogs
❏ Der Geschäftszweck Ihres Unternehmens
❏ Ihr Leistungsspektrum bzw. Produktangebot. Wenn Sie in mehreren Bereichen arbeiten, gliedern Sie sehr übersichtlich. Wenn die Zielgruppen Ihrer Angebote unterschiedlich sind, überlegen Sie, ob Sie vielleicht sogar unterschiedliche Präsentationen herstellen, damit jeder nur die für ihn relevanten Informationen erhält.

- ❏ Ihr Kurzprofil. Besonders bei kleinen Unternehmen wollen die Kunden wissen, mit wem sie es zu tun haben, welche Person(en) hinter den angebotenen Leistungen steht.
- ❏ Haben Sie Auszeichnungen erhalten oder Preise mit Ihren Leistungen gewonnen? Dann sollten Sie die unbedingt mit aufnehmen.
- ❏ Wenn irgend möglich, ein (professionelles!) Foto von Ihnen, am besten bei Ihrer Arbeit. Statistiken zeigen, dass bei der Akquise und Unternehmenspräsentation Fotos ein wesentlicher Erfolgsfaktor, oft genug sogar das Zünglein an der Entscheidungswaage sind.

Sinnvoll *können* von Fall zu Fall außerdem sein:

- ❏ Ihre Unternehmensphilosophie, Ihr Credo. Wofür stehen Sie, wofür Ihr Unternehmen? Dies ist als vertrauensbildende Maßnahme recht wichtig.
- ❏ Referenzen oder Feedbacks zufriedener Kunden. Für beides müssen Sie sich vorab unbedingt die Genehmigung der Kunden einholen.
- ❏ Arbeitsproben
- ❏ Ein sogenanntes Response-Element, also einen Fax-Vordruck oder eine beigelegte Postkarte, mit dem Interessenten unkompliziert weitere Informationen einholen oder ihr Interesse an ihren Leistungen bekunden können.
- ❏ Die Preise Ihrer Angebote, Ihrer Produkte. Da sich diese aber doch häufig ändern, sollten Sie überlegen, ob Sie Ihre Preisliste nicht als Einleger beifügen, sonst müssen Sie bei jeder Preisänderung die komplette Präsentation neu drucken lassen.

Checkliste Gestaltung und Text der gedruckten Unternehmenspräsentation

- ❏ Optisch nicht überfrachten! Integrieren Sie unbedingt aussagekräftige Bilder in Ihre Präsentation, am besten etwa in einem 50:50-Verhältnis zum Text.
- ❏ Vermeiden Sie lange Fließtexte, die sehr mühsam zu lesen sind.

- ❏ Konzentrieren Sie sich auf wenige Hauptaussagen, die Sie lebendig, knapp und in kurzen Sätzen formulieren. Verwenden Sie ruhig zwischendurch Spiegelstrichlisten statt ausschließlich durchgehender Fließtexte. Spiegelstrichaufzählungen sind gut lesbar und beschränken sich durch den Telegrammstil zwangsläufig auf das Wesentliche.
- ❏ Sitzen Sie bei jedem Wort, das Sie texten, mental auf der Schreibtischseite Ihrer Kunden, haben Sie also immer den Kundennutzen im Kopf. Vergessen Sie all Ihre tollen Produkt- oder Leistungsfeatures, konzentrieren Sie sich nur darauf, welche Vorteile Ihre Kunden durch eine Zusammenarbeit mit Ihnen haben. Denken und formulieren Sie aus der Sicht Ihrer Kunden.
- ❏ Bedenken Sie bei der Raumaufteilung von Mehrseitern, dass sehr wichtige Inhalte auf den rechten Seiten platziert werden sollten, weil sie dort besser wahrgenommen werden als auf den linken.
- ❏ Vermeiden Sie Floskeln und Selbstverständlichkeiten. Natürlich sind Sie zuverlässig und kompetent – das müssen Sie nicht extra erwähnen.
- ❏ Schreiben Sie in lebendiger Sprache: Verwenden Sie aktive statt passive Formulierungen, drücken Sie sich lieber konkret als allgemein aus, benutzen Sie eher Verben als Substantive und versuchen Sie, keinen Satz mit mehr als 14 Wörtern zu schreiben.
- ❏ Kontrollieren Sie Schlüssigkeit und Fluss Ihrer Texte, indem Sie sich alles selbst laut vorlesen. Sie werden dabei automatisch feststellen, wo vielleicht noch etwas fehlt, oder wo Ihr Text inhaltlich oder sprachlich nicht rund ist.
- ❏ Freunde, am besten branchenfremde, bilden eine hervorragende zusätzliche Kontrollinstanz. Bitten Sie Bekannte um Feedback zu Ihrer Unternehmenspräsentation, denn so wird oft klar, an welchen Stellen Sie noch deutlicher werden müssen, was zu viel, unverständlich oder auch einfach nur langweilig und unschön ist.
- ❏ Überlegen Sie, ob die Kernaussagen über Ihr Unternehmen nicht sogar auf eine Postkarte passen. Postkarten mit originellen Motiven habe eine hohe Akzeptanz bei den Empfängern und können kostengünstig versandt werden.

Ähnlich wie Ihre Visitenkarte sollten Sie Ihren Firmenfolder möglichst oft in Reichweite haben. Natürlich nicht ständig in der Jackettasche aber doch zumindest im Auto, wenn Sie auf einem Business-Event sind. Man weiß ja nie …

Tipp Arbeiten Sie aktiv mit Ihrer Präsentation:

❏ Legen Sie die Präsentation Briefen und Rechnungen an Ihre Kunden bei, auch wenn Sie schon länger zusammenarbeiten. Es kann gut sein, dass zufriedene Kunden die Materialien weiterreichen, um Sie zu empfehlen.
❏ Legen Sie Ihre Broschüren dort aus, wo sich Personen Ihrer Zielgruppen bewegen: Reinigungsunternehmen etwa in den Treppenhäusern von Privat- oder Bürogebäuden; Kosmetiker oder Pediküren etwa in Fitnessstudios, bei Friseuren, in Modegeschäften; Copyshops in Büchereien und Hochschulen usw.
❏ Nutzen Sie Multiplikatoren: Wenn Sie Freunde, Bekannte in anderen Städten – so Sie überregional arbeiten – oder in für Ihre Zielgruppen relevanten Institutionen haben, bitten Sie diese, Ihre Broschüren dort an die Frau oder den Mann zu bringen. Sicher ergibt sich eine Gelegenheit, bei der Sie sich für diese Unterstützung revanchieren können.

Die Website

Die unternehmenseigene Website bildet die Basis jeden Online-Marketings. Noch vor wenigen Jahren war eine unternehmenseigene Internetpräsenz für Unternehmer ohne Programmierkenntnisse ein sehr kostenintensives Marketing-Instrument. Denn zum einen war es sehr teuer, die Site von professionellen Webentwicklern aufsetzen zu lassen, zum anderen fielen jedes Mal neue Kosten an, wenn Inhalte verändert oder ergänzt werden sollten.

CMS: Inhalte selbst einpflegen auch ohne Programmierkenntnisse

Heutzutage können Sie eine professionell anmutende, Nutzer- und Suchmaschinenfreundliche Website schon mit wenigen hundert Euro aufsetzen lassen und die Inhalte später selbst pflegen. Auch ohne jegliche Programmierkenntnisse.

Dann nämlich, wenn Sie ein *Content Management System*, kurz CMS, verwenden um Ihren Internetauftritt aufzubauen oder aufbauen zu lassen. Das ist heute auch für den Durchschnittsbürger bezahlbar und via Open Source sogar kostenlos zu erhalten. Weil hier Programmcode und Inhalt voneinander getrennt sind, können Sie die Inhalte Ihrer Website so einfach verändern, als würden Sie einen Brief tippen.

Es gibt inzwischen sehr viele verschiedene CM-Systeme. Als empfehlenswert unter den Open-Source-CMS – also den gratis zu erwerbenden – werden oft zum Beispiel *Cotenido*, *drupal*, *Redaxo*, *Typo 3* oder *Yoomla* genannt. Auch *WordPress*, eigentlich eine Blog-Software und ebenfalls gratis, eignet sich hervorragend.

Alle CMS unterscheiden sich zum Teil erheblich in ihren Features, in ihrer Bedienbarkeit und bezüglich ihrer sonstigen Vor- oder Nachteile. Sie sollten sich also vorab gründlich informieren, bevor Sie sich für ein bestimmtes CMS entscheiden, denn ein späteres Umrüsten ist nicht immer ohne weiteres und problemlos möglich.

Der Nutzer ist Kaiser

Auch für die unternehmenseigene Website gilt das Gleiche wie für alle Marketing-Instrumente: Haben Sie immer und als Wichtigstes den Kundennutzen im Kopf. Wechseln Sie auch bei der Erstellung Ihrer Online-Unternehmenspräsenz immer wieder auf die „Kundenseite" des Schreibtischs und fragen sich: Wodurch hat ein Benutzer den größtmöglichen Vorteil vom Besuch meiner Internetseite? Was wünscht er, hier zu finden? Welche seiner Probleme kann ich auf dieser Site lösen? Wie kann ich ihm mit meiner Website das Leben einfacher oder angenehmer gestalten?

Schon durch die Art des Aufbaus Ihrer Website können Sie den Kundennutzen beachten, indem Sie Wert auf eine hohe Nutzerfreundlichkeit, auch Usability genannt, legen:

❏ Verstecken Sie keine wichtigen Inhalte in Unterseiten, die der Leser nicht direkt von der Startseite aus finden kann.
❏ Toben Sie Ihre Kreativität nicht gerade bei den Menütiteln aus. Vergeben Sie leicht identifizierbare und altbekannte Menütitel wie „Leistungen", „Referenzen", „Profil" oder „Über uns". Wenn Sie bei den Menütiteln zu viel Kreativität walten lassen, verwirren Sie die Nutzer und vertreiben sie so von Ihrer Site. Originalität ist eine tolle Gabe, aber einer der höchsten Nutzen, den Sie dem Besucher Ihrer Website bieten können, ist, dass er sich gut zurechtfindet und kein Quiz lösen muss, um zu den Inhalten zu kommen, die ihn interessieren.
❏ So viel wie nötig, so wenig wie möglich: Versuchen Sie aus Gründen der Übersichtlichkeit, den gesamten Internetauftritt schlank zu halten.
❏ Arbeiten Sie bei umfangreicheren Internetpräsenzen, wenn irgend möglich, eine Brotkrumennavigation ein. Wie die Brotkrumen, die Hänsel und Gretel im Wald streuen, um wieder nach Hause zu finden, zeigen Ihre Krumen den Nutzern immer, wo Sie sich gerade befinden. Ein Beispiel für eine Brotkrumennavigation könnte so aussehen:
Sie befinden sich hier: Startseite → Über uns → Team
Zu jeder genannten Seite – außer der gerade aktuellen natürlich – sollte der Nutzer per Klick auf den Textlink springen können. Üblicherweise sitzt die Brotkrumennavigation oben auf der Seite, zwischen dem Seitenkopf und dem seitenspezifischen Inhalt. Also setzen Sie sie auch dorthin, denn dort sucht sie der Nutzer und bei anderer Platzierung wären wir schon wieder beim Thema „Quiz".

Der Inhalt ist König

Content is King. Dieser Satz geistert immer wieder in allen möglichen Zusammenhängen durchs Internet. Und er stimmt: Das Allerwichtigste für den Erfolg einer Website – übrigens auch unter Aspekten der Suchmaschinenoptimierung – sind die Textinhalte. Nicht irrsinnig aufwendige Animationen und nicht einmal ein wunderschönes, hochinnovatives Design. Das merken Sie schon daran, dass uns die Optik der weltweit erfolgreichsten Seiten nicht wirklich ein „Wow!" entlockt: Google, Amazon, Ebay, Wikipedia – sie alle kommen sehr schlicht und rein auf Übersichtlichkeit und Inhalt konzentriert daher.

 Legen Sie vor allem Wert darauf, dass die Texte auf Ihrer Website 1A sind. Sie sollten auch hier immer den Kundennutzen in den Vordergrund stellen, nicht Ihr Produkt oder Ihre Leistungen. Fragen Sie sich beim Texten: Welches Problem des Kunden löse ich, welche Vorteile bringe ich ihm, welche angenehmen Erlebnisse verschaffe ich ihm? Fragen Sie sich nicht: Welche Produkte oder Leistungen habe ich anzubieten?

Die Texte sollten kurz und ansprechend zu lesen sein, übersichtlich – zum Beispiel mit Zwischenüberschriften – gestaltet und die Zeilen nicht zu lang sein, maximal etwa 400 Pixel pro Zeile. Wenn Sie ein deutlich breiteres Fenster für den Textinhalt vorgesehen haben, schreiben Sie zweispaltig.
Bilder machen das Lesen angenehmer und unterstützen die Merkfähigkeit des Textinhalts. Binden Sie also passende Fotos oder Grafiken mit ein. Sie können viel Geld sparen, wenn Sie in Gratisbilddatenbanken suchen, statt Bilder zu kaufen. Solche Gratisbilddatenbanken sind zum Beispiel: *flickr.com, sxc.hu, fotolia.de, aboutpixel.de, lorelure.com*
Auch bei *wikipedia [http://de.wikipedia.org]* gibt es zu vielen Artikeln gute Bilder. Die meisten davon stehen zur freien Verfügung, auch für kommerzielle Zwecke. Wenn Sie Bilder aus den genannten Quellen verwenden, dann achten Sie bitte auf die Lizenzbedingungen, die

teilweise von Bild zu Bild unterschiedlich sind. Sehr viele dieser Bilder dürfen Sie ohne jede Einschränkung verwenden und oft brauchen Sie nur irgendwo auf Ihrer Website den Name des Fotografen zu nennen, damit Sie für sein Bild nichts bezahlen müssen.

Eine wirklich lohnende Anschaffung zu diesem Thema ist das E-Book „Ratgeber Bilddatenbanken" von Birgit Mestmäcker, zu beziehen über *http://shop.journalismus.com*

Welche Inhalte gehören auf die Website?

Was genau erwartet ein möglicher Kunde von einer aussagekräftigen Unternehmens-Website? Darüber gehen die Meinungen auseinander. Aber diese Seiten sollten Sie Ihren Besuchern mindestens bieten:

❏ *Startseite oder Homepage:* Hier sollte der Nutzer sofort und ohne Umschweife erfahren, auf was für einer Site er sich befindet, um welches Unternehmen es sich handelt, was dieses Unternehmen ihm zu bieten hat – und warum es sich für ihn lohnt, auch andere Seiten dieses Internetauftritts anzusehen.

❏ *Leistungen/Shop:* Als Dienstleister sollten Sie sehr genau und anschaulich Ihre Leistungen beschreiben. Und hier muss der Blick auf den Kundennutzen besonders scharf sein. Wenn Sie Produkte anbieten, verweisen Sie anschaulich und verlockend auf Ihr Ladengeschäft, vielleicht gespickt mit ein paar außergewöhnlichen Beispielangeboten. Und wenn Sie auch online Waren absetzen, binden Sie an dieser Stelle natürlich einen Online-Shop ein. Die Software für professionelle Online-Shops gibt es inzwischen auch teilweise gratis, empfehlen können wir Ihnen zum Beispiel *XTCommerce*.
Wenn Sie sehr viele oder sehr unterschiedliche Leistungen oder Produkte anbieten, sollten Sie Ihr Angebot in unterschiedlichen Kategorien anordnen.

❏ *Über uns, Profil oder Portrait-Seite:* Lassen Sie Ihre Besucher wissen, welche Menschen hinter dem Unternehmen stehen. Stellen Sie Ihr Unternehmen vor, aber auch die Personen, die darin arbeiten. Und an dieser Stelle sind Fotos – professionelle Fotos, keine Familien-

oder Urlaubs-Schnappschüsse! – wirklich wichtig. Nirgends sonst gilt dieser Satz mehr, als wenn es um Menschen geht: Ein Bild sagt mehr als tausend Worte. Unterschätzen Sie – besonders als Kleinunternehmer und Dienstleister – die Wichtigkeit der „Über uns"-Seite nicht. In der Regel „kaufen" Ihre Kunden zu mindestens fünfzig Prozent auch Ihre Person, wenn sie Ihr Kunde werden.

❏ *Philosophie/Credo:* Diese Seite gehört für Produktverkäufer schon zur Kür, bei Dienstleistern sind sie noch eher Pflichtübungen. Auf dieser Seite erfahren Ihre Besucher, wofür Sie und Ihr Unternehmen stehen. Ein guter Platz, um erneut die Alleinstellungsmerkmale besonders herauszustellen.

❏ *Referenzen:* In Sachen Vertrauensbildung ist das wohl die wichtigste Seite auf Ihrer Internetpräsenz. Je mehr und je mehr namhafte Unternehmen Sie hier als zufriedene Kunden anführen, desto eher fassen zukünftige Kunden Vertrauen in die Kompetenz Ihres Unternehmens. Sie sollten jeden Ihrer Kunden aber unbedingt vorab um seine Erlaubnis bitten, ihn als Referenz angeben zu dürfen. Einige Kunden möchten das aus unterschiedlichen Gründen nicht, und es ist verboten, ohne Genehmigung mit dem Namen von Unternehmen zu werben.

Wenn Sie sehr unterschiedliche Leistungen oder Produkte offerieren, sollten Sie Ihre Referenzen entweder durch Kategorisierung oder durch Verteilung auf unterschiedliche Seiten gliedern, um Ihren Lesern mehr Übersichtlichkeit zu bieten.

Am wirkungsvollsten – da am stärksten glaubwürdig – sind Referenzen, die durch O-Töne der betreffenden Kunden (*Testimonials*) gestützt sind. Bitten Sie Ihre zufriedenen Kunden, in ein bis drei Sätzen zu erklären, was ihnen an der Zusammenarbeit mit Ihrem Unternehmen besonders gut gefallen hat – und natürlich brauchen Sie auch hier die Genehmigung, ein solches Feedback auf Ihrer Website veröffentlichen zu dürfen.

❏ *Service-Seite(n) – Wissen in Form von Whitepapers, Videos, Podcasts oder sogar kleinen E-Books verschenken:* Diese Seite oder besser noch: diese Seiten sind Ihre große Chance, sich als Experte am Markt zu positionieren und gleichzeitig dafür zu sorgen, potenzielle Kunden überhaupt erst einmal auf Ihre Website zu ziehen. Auf diesen Seiten verschenken, nein, investieren Sie Ihr Wissen und Know-how. Grundüberlegung ist dabei folgende: Die meisten Menschen suchen im Internet nicht nach Produkten oder Dienstleistungen, sondern nach Informationen. Wenn Sie nun Informationen, die für Ihre Zielgruppen relevant sind, gratis ins Internet stellen – und dafür sorgen, dass diese Informationen von den Suchern auch gefunden werden – erreichen Sie zweierlei: Sie stellen Ihre Kompetenz unter Beweis *und* Ihre Website bekommt Besucher aus dem Kreis möglicher Kunden, die Sie sonst wahrscheinlich nie erreicht hätten. Die Rolle der Service-Seiten kann auch von einem Weblog übernommen werden, das Sie regelmäßig mit interessanten Inhalten füllen. Mehr dazu im Kapitel *Weblog* (siehe Seite 109).

❏ *Kontakt:* Machen Sie es Ihren Website-Besuchern leicht, Kontakt zu Ihnen aufzunehmen. Ihre Kontaktdaten oder Ihr Kontaktformular sollten von jeder Seite Ihrer Website aus mit einem Klick erreichbar sein.

❏ *Partner/Links:* Hier können Sie auch wieder mehrere Fliegen mit einer Klappe schlagen: Indem Sie Ihre Partner – zum Beispiel sehr empfehlenswerte Dienstleister aus verwandten Branchen oder Ihre Netzwerkpartner – aufführen, haben Sie einen guten Grund, diese Partner Ihrerseits um einen Link zu Ihrer Site zu bitten. So erhöhen Sie wiederum die Chance, von möglichen Kunden gefunden zu werden. Außerdem verbessern Sie mit externen Links Ihre Platzierung bei Google. Denn ob Sie unter den Suchergebnissen zu einem Begriff eher oben oder weiter unten gefunden werden, hängt auch stark davon ab, wie viele Links Sie auf Ihrer Site haben und wie viele Links andererseits auf Ihre Site zeigen.

Das gleiche Prinzip gilt auch für eine Linksammlung, die Sie zum Beispiel zu einem bestimmten Thema als Service für Ihre Besucher auf Ihre Website stellen: Sie bekommen zusätzliche Besucher, die sich freuen, dass Sie ihnen ihre Recherche erleichtern, transportieren Kompetenz *und* Sie erarbeiten Ihrer Internetpräsenz damit bessere Chancen bei Suchmaschinen wie Google. Das sind doch alles sehr lohnenswerte Erlöse, um Wissen zu verschenken.

Was ist aus rechtlichen Gründen zu beachten?

Aus rechtlichen Gründen sind einige Dinge von großer Wichtigkeit:

❏ Verwenden Sie nie Texte, die Sie aus Büchern oder anderen Internetseiten abschreiben oder kopieren. Wenn Sie *Zitate* verwenden wollen, müssen Sie diese als solche kennzeichnen und die Quelle nennen. Bei längeren Zitaten brauchen Sie außerdem das schriftliche Einverständnis des Autors zur Verwendung. Erkundigen Sie sich in jedem Fall gründlich, was das Thema „Zitieren im Internet" angeht. Andernfalls wären Sie nicht der erste, der empfindlich hohe Abmahnungen zu zahlen hat.
❏ Verwenden Sie auch keinesfalls *Bilder*, die Sie irgendwo in Büchern oder im Internet finden, ohne die ausdrückliche, schriftliche (!) Erlaubnis des Urhebers zur Veröffentlichung. Die Abmahnungen können sehr teuer werden.
❏ Um Abmahnungen zu vermeiden, benötigen Sie ein *rechtssicheres Impressum*. Dafür müssen Sie keinen Experten hinzuziehen. Es gibt kostenlose Tools, mit denen Sie sich sehr einfach ein Impressum erstellen können, zum Beispiel *certiorina.de*.

Das Suchmaschinen-Marketing

Der wichtigste Aspekt des Suchmaschinen-Marketings für Kleinunternehmer ist die *Suchmaschinenoptimierung* der Unternehmens-Website. Um die wichtigsten Regeln einzuhalten, brauchen Sie keinen teuren Suchmaschinenoptimierer (SEO). Wenn Sie den ganz großen Wurf landen möchten, sollten Sie aber über einen SEO nachdenken. Hierauf müssen Sie achten, wenn Sie sich selbst an die Optimierung setzen:

❏ Selfmade-Suchmaschinenoptimierung fängt schon bei der Planung der Website an: Verwenden Sie kein Flash, keine Frames und keine Tabellen zum Layouten Ihres Webauftritts sondern lediglich *HTML/XML oder PHP und für das Layout Cascading Style Sheets, kurz CSS*. Die Suchmaschinen, allen voran natürlich Google, scannen die

Texte von Websites auf relevante Inhalte. Finden die Maschinen wie bei Flash oder bei Frames keinen Text, oder den tatsächlichen Inhalt nur versteckt zwischen html-Befehlen (wie bei tabellenbasiertem Layout), wirkt sich das negativ auf die Platzierung der Seite aus. Wenn Sie ein CMS als Basis Ihrer Website verwenden, sind Sie aus Sicht der Suchmaschinen in diesem Punkt fein raus.

❏ Planen Sie ein, dass Sie möglichst viele *externe Links*, also Links zu anderen Websites und *interne Links* innerhalb ihres Internetauftritts setzen können. Sie erinnern sich: die Sache mit der Platzierung in Suchmaschinen. Für externe Links eignen sich zum Beispiel eine Seite „Partner/Links/Netzwerke" und eine oder mehrere für Ihre Referenzen. Interne Links setzen Sie im Fließtext, indem Sie öfter zu anderen Seiten Ihrer Internetpräsenz verweisen.
Verwenden Sie die Fließtext-Links nicht so: *Meine Leistungen finden Sie hier*

sondern so: *Ausführlichere Informationen zu diesem Thema finden Sie bei meinen Leistungen.*

Das ist deshalb wichtig, weil die Suchmaschinen auch und besonders die Inhalte der Links durchsuchen. Und dort sollten sie relevante Inhalte finden statt Platzhalter-Worte.

❏ Verwenden Sie für das Navigationsmenü *Texte statt Bilder*. Das hilft Ihrer Platzierung in Suchmaschinen und vor allem – was viel wichtiger ist – Menschen mit Handicap, sich besser auf Ihrer Site zurechtzufinden.

❏ Überlegen Sie gut, welchen Titel die einzelnen Seiten erhalten sollen: In den Seitentiteln, also in den <title>-Tags, sollten nur die maximal sechs wichtigsten *Keywords* enthalten sein, geordnet von vorn nach hinten nach ihrer Wichtigkeit. Keywords sind die Wörter oder Wortkombinationen, die Internetnutzer am häufigsten als Suchwörter eingeben, wenn sie bestimmte Inhalte suchen. Denken Sie beim Formulieren der Keywords, also der Title-Tags auch wieder aus Sicht des Kunden: Welche Begriffe würden Sie als Suchbegriffe eingeben, wenn Sie die Inhalte finden möchten, die auf

Ihrer Site sind? Nicht den Namen Ihres Unternehmens an die erste Stelle nehmen. Nach ihm wird wahrscheinlich kaum jemand per Suchmaschine suchen.
- Ergänzen Sie Ihre Website um eine *Sitemap* für Suchmaschinen, eine XML-Datei, welche die URL-Adressen der Webseiten inklusive einiger Metadaten enthält, sodass die Suchmaschinen den Webauftritt intelligenter durchsuchen können. Auch dafür gibt es schon kostenlose Tools, zum Beispiel *http://gsitecrawler.com/de/*, die Sie jeglicher Programmierarbeit entbinden.
- Übrigens bewahrheitet sich auch hier das gute, alte Sprichwort „Schuster bleib bei deinen Leisten." Ehe Sie selbst monatelang an einer Homepage basteln, die am Ende aussieht wie hobby-made: Arbeiten Sie lieber weiter an Sachen, mit denen Sie sich auskennen, und beauftragen Sie stattdessen einen Profi mit der Erstellung Ihrer Website (oder Ihrer Broschürentexte, Visitenkarten, etc.). Das ist unter dem Strich kostengünstiger für Sie – und das Ergebnis sieht in der Regel auch besser aus.

Mehr zum Thema

- Stephan Lamprecht: *Firmenauftritt online.* Heidelberg 2007.
- Torsten Schwarz (Hg.): *Leitfaden Online Marketing.* Waghäusel 2007.
- *http://sistrix.com/suchmaschinenoptimierung-fuer-einsteiger/suchmaschinenoptimierung-fuer-einsteiger.pdf*
- http://awasteofwords.com/article/optimierung-fuer-suchmaschinen

Empfehlungs-Marketing, Viral-Marketing und Mundpropaganda

Vermutlich wird Ihnen beim Lesen dieses Buches auffallen, dass wir in unseren Beispielen immer wieder einmal von realen Personen sprechen, deren Internetseite angeben und, wo es passt, das Portfolio der betreffenden Personen kurz anreißen. Selbstverständlich könnten wir auch von Marika Musterfrau und Bernd Beispielmann sprechen. Tun wir aber nicht. Der Grund: Wir schätzen die erwähnten Personen und ihre Arbeit. Sie sind Teil unseres Netzwerkes und wir können sie guten Gewissens weiterempfehlen. Die Erwähnung dieser Personen schmälert den Beispielwert nicht und gibt Ihnen als Leser überdies die Möglichkeit, bei Bedarf vielleicht eines Tages auf eine unserer Empfehlungen zurückzugreifen.

Was wir von der Erwähnung dieser Personen haben? Zunächst einmal nichts. Wir erhalten weder eine Provision oder eine direkte Gegenleistung noch zwingt uns jemand dazu. Warum wir es dennoch und aus freien Stücken tun, lesen Sie im Kapitel über Networking. Im folgenden Abschnitt hingegen erfahren Sie, warum Empfehlungs-Marketing neben dem Netzwerken eines der erfolgreichsten Marketingtools überhaupt ist. Und was Sie tun können, damit auch Sie in den Genuss kommen, von Dritten weiterempfohlen zu werden.

Mundpropaganda: Vertrauen geben, Vertrauen schenken

Das geschriebene Wort ist mächtig. Es weckt Begehrlichkeiten, inspiriert, überzeugt. Bilder sind mächtig. Sie bewegen, fesseln, reißen mit. Ein guter Claim, eine perfekte Anzeige oder eine gute Rede können einen zukünftigen Kunden überzeugen, dass nur Sie und Ihr Unternehmen der richtige Ansprechpartner für sein Anliegen sind und niemand sonst.

 Kein Bild, kein geschriebenes Wort und kein Claim dieser Welt wirkt stärker auf uns als die Empfehlung eines Menschen, den wir fachlich oder privat schätzen.

Der Grund liegt auf der Hand: Zum einen gibt es in nahezu jedem Bereich unendlich viele Dienstleister und Angebote. Die „Qual der Wahl" ist nicht nur sprichwörtlich, sondern auch anstrengend und zeitaufwendig. Als Kinder des Medienzeitalters wissen wir, dass der

schöne Schein durchaus trügen kann. Woher also soll man wissen, welche Entscheidung die Richtige ist? Es wimmelt um uns herum von Superlativen: Der billigste, schönste, beste, rasanteste, spritzigste und kompetenteste Anbieter ist immer derjenige, dessen Werbung man gerade liest, sieht oder hört. Nie kann man sich sicher sein, ob der Kaufanreiz oder der Entschluss, genau diesen Dienstleister zu beauftragen, einem guter Texter oder der Qualität des angepriesenen Unternehmens zu verdanken ist. Und so bleibt jeder erste Geschäftskontakt ein Vabanquespiel. Die beruhigende Sicherheit, eine gute Wahl getroffen zu haben, stellt sich erst ein, wenn der Auftrag erledigt, das Geschäft getätigt ist und das Angebot hielt, was es versprach.
Und an genau diesem Punkt setzt sie ein, die Macht des Empfehlungs-Marketings. Wenn nämlich ein geschätzter und als kompetent empfundener Dritter uns die Qual der Wahl durch eine Empfehlung abnimmt, nimmt er uns mit dieser auch die Unsicherheit des „ersten Mals". Er hat das Vabanquespiel bereits auf sich genommen, hat bereits gesucht, gefunden und um die Richtigkeit seines Entschlusses gebangt – und ist nicht enttäuscht worden. Außerdem kann er bei Unsicherheiten Auskunft geben. Ist es wirklich sinnvoll, sich diese komischen Schlankheitspillen zu kaufen? Ist das nicht alles Augenwischerei? „Nein", sagt der Empfehlende und hebt stolz sein T-Shirt, um seinen flachen Bauch zu präsentieren. „Klar, du musst auch etwas Disziplin mitbringen, aber dann klappt das. Ich helf' dir gern, wenn du Fragen hast. Versuch es einfach mal!" Eine solche Art der Empfehlung ist in mehrfacher Hinsicht perfekt: Der potenzielle Neukunde hat durch den Empfehlenden ein Vorbild und einen Experten an seiner Seite. Wenn das Produkt bei dem Neukunden nicht die entsprechende Wirkung hat, wird er dies kaum auf den Diätpillenanbieter zurückführen. Dessen Produkte funktionieren ja offenbar – nur er selbst ist nicht konsequent genug. Auf ähnliche Art verkaufen sich WeightWatchers oder die „Magische Kohlsuppe" seit Jahren.
Natürlich, auch ein Dritter könnte uns irgendjemanden oder irgendetwas empfehlen. Sicherlich könnte er das – aber er würde es nicht tun. Denn wer weiterempfiehlt und dabei irrt, auf den fällt die schlechte Empfehlung zurück. Empfehlungen sind ein großer Vertrauensbe-

weis, und sie kommen von Herzen. Wer also empfohlen werden will, muss Vertrauen und Herzen gewinnen können.

Wie dies gelingt? Durch Zuverlässigkeit, fachliches Know-how, durch eine hervorragende und herausstechende Positionierung – und einmal mehr durch Authentizität, durch die Überzeugung vor der Idee, die Sie und Ihr Produkt erstrahlen lässt.

Checkliste: So aktivieren Sie Ihr Umfeld

- Nicht nur Kunden sind Empfehlungsträger. Auch *Nichtkunden*, die sich „einfach nur informieren" wollen und auf den ersten Blick betrachtet unsere Zeit stehlen, können zum Empfehlungsträger werden. Sind sie von unserer Bereitschaft zur Beratung und deren Qualität überzeugt, empfehlen sie uns gern weiter, und sei es nur nach dem Motto „Geh doch mal zu XYZ. Gekauft habe ich dort zwar noch nicht, aber die sind unglaublich nett und kompetent. Wenn ich je mit dem Western-Reiten anfangen würde, würde ich mir meine Ausrüstung in jedem Fall dort holen."
- Damit Dritte auf die Idee kommen, uns weiterzuempfehlen, kann es nicht schaden, ihnen einen *Anstoß* in diese Richtung zu geben. Wenn Ihr Kunde sich begeistert bei Ihnen bedankt: prima. Nutzen Sie die Gelegenheit, ihm zu sagen, dass Sie sich im Gegenzug sehr freuen, wenn er Sie weiterempfehlen würde. Der Kunde ist Ihnen dankbar und wohlgesonnen, hat fast so etwas wie ein Versprechen Ihnen gegenüber abgegeben – und denkt sicherlich aktiver darüber nach, wem er wann von Ihnen und Ihrem Angebot erzählen könnte. Auch auf einer Rechnung hat ein abschließender Satz in der Art von „Sie waren zufrieden? Wir freuen uns, wenn Sie uns weiterempfehlen" noch niemandem geschadet.
- Nicht nur Ihre Kunden, auch Ihre *Verwandtschaft und Bekanntschaft* zählt zu Ihrem Netzwerk. Diesen können und sollten Sie sagen, was Sie konkret anbieten. Empfehlungen unter Verwandten haben einen anderen Stellenwert und machen oft die Honorarverhandlungen schwieriger, aber schaden können auch Empfehlungen von Verwandten oder Freunden nicht.

❑ Wie überall im Leben gilt: Das *rechte Maß* ist wichtig für den Erfolg. Wenn Sie zu jeder passenden und unpassenden Gelegenheit von und über sich reden, gehen Sie Ihrem Umfeld im besten Fall gewaltig auf den Geist und erwecken überdies den Eindruck, zwingend und unbedingt Arbeit zu brauchen, aber keine zu haben. Das spricht nicht für Sie, denn ein Auslaufmodell, das händeringend werbend aus dem letzten Loch zu pfeifen scheint, will niemand. Streuen Sie Ihre Anreize zum Empfehlungs-Marketing geschickt, vergessen Sie auch den Netzwerkgedanken nicht und stellen Sie sich selbst in ein Licht, das angemessen aber nicht kontraproduktiv ist. Erzählen Sie zum passenden Zeitpunkt etwas, das gern weiter erzählt wird: Eine interessante Anekdote zum Beispiel aus Ihrem Arbeitsalltag – mit anonymisierten Kunden, versteht sich –, die zum einen unterhält und zum anderen zeigt, wie Sie in Expertenmanier Probleme meistern.

Das Empfehlungs-Marketing – Anstoß und Ziele

Die Werbebranche weiß, wie wichtig Empfehlungen sind und wie nachhaltig sie wirken. Deshalb hat sie einige Marketingideen rund um das private Empfehlungs-Marketing gesponnen, einige Aspekte dieser Ideen stellen wir Ihnen hier vor. Der Hauptunterschied des Empfehlungs-Marketings im Vergleich zur klassischen Werbung ist, dass die Bemühungen des Unternehmens nicht den direkten Weg: Unternehmen → Beeinflussung durch Werbung → (Neu-) Kunde geht, sondern einen Umweg: Unternehmen → Empfehlungsgeber → Empfehlungsempfänger = (Neu-)Kunde. In der einschlägigen Literatur zum Thema sind die Begriffsdefinitionen rund um die unterschiedlichen Empfehlungs-Marketing-Tools alles andere als einheitlich, die Grenzen fließend. Wir legen im Folgenden unseren Fokus darauf, wie Sie Empfehlungs-Marketing außerhalb der bereits oben beschriebenen Mundpropaganda generell für sich einsetzen und nutzen können.

Wie stoße ich Empfehlungs-Marketing an?

Auch dieses Thema könnte – umfassend behandelt – Bücher füllen, und einmal mehr gilt, dass der beste Weg so individuell ist wie Ihr Unternehmen selbst und eine möglichst gute Kenntnis Ihrer Zielgruppe erfordert. Fest aber steht: Auch kleine Unternehmen können Empfehlungs-Marketing und virale Strukturen (Exkurs Viral-Marketing siehe unten) für sich nutzen.
Mögliche strategische Verbreitungswege von Empfehlung und Virus:

- *Communities:* Auch in Communities zu einem bestimmten Thema kann das eigene Produkt – von einem glaubwürdigen Autor verbreitet – das Herz der Zielgruppe treffen und gewinnen.
- *Expertenportale:* Empfiehlt ein Experte in einem virtuellen Zusammenschluss von Spezialisten zu einem bestimmten Thema ein Produkt, landet es eins zu eins bei der Zielgruppe und wird in besonderem Maße aufgewertet.
- *Partnerprogramme/Affiliate Marketing:* Der Verkäufer nutzt die Site eines Partners, um seine Produkte anzubieten. Bei einem guten Partner werden die Produkte dadurch aufgewertet, die Präsentation wirkt wie eine Empfehlung.

Exemplarische weitere Möglichkeiten, viele Besucher auf die eigene Website zu ziehen und somit das Ranking und den Bekanntheitsgrad seines Produktes zu steigern, können sein:

- *E-Cards*, sie locken Besucher auf Ihre Website.
- *Einträge in Recherche- oder Linklisten* (siehe auch: Social Bookmarks).
- *Gästebücher*, sie dienen dazu, Meinungen einzufangen, positives Feedback zu nutzen und aus negativem zu lernen, sie bieten die Möglichkeit, verärgerte Kunden zu besänftigen.
- *Gewinnspiele* zu Produkt oder Dienstleistung.
- *Kostenlose E-Mail-Adressen:* Der Name Ihrer Site ist Teil der Adresse und wird damit nebenbei beworben. Aber Achtung: Die Adresse der Firmenmitglieder sollte sich klar von derjenigen der Externen unterscheiden, denn Sie wissen nie, ob unseriöse Mails mit Ihrem Firmen-

namen versandt werden. Unsere Empfehlung: E-Mail-Adressen nur als besondere Auszeichnung vergeben und an einen Status binden, etwa für Foren-Moderatoren oder ein offizielles Support-Team.

- *Mailto-Aufforderungen:* Das Angebot, Bekannten oder Freunden den entsprechenden Inhalt schnell und unkompliziert weiterzuleiten.
- *Newsletter* mit Inhalten und Empfehlung nach dem Prinzip „Empfehlen Sie uns weiter!"
- *Nutzwertige kostenlose Downloads wie Bildschirmschoner oder pdfs mit Checklisten oder sonstigen relevanten Informationen für Ihre Zielgruppe:* Das ist ein Service, der sich herumspricht. Aber Achtung: Oft wird nur der direkte Download-Link weitergeleitet. Wenn Sie möchten, dass sich der User auch auf Ihrer Site umsieht, sollten Sie überlegen, den Link zum direkten Download bei Besuchern von außen auf eine informativere Site Ihres Webauftritts umzulenken. Oder Sie schreiben einen kurzen Text über die Download-Funktion, indem Sie sich dem User zumindest vorstellen.
- *Social Bookmarks:* Der User verlinkt eine gelesene und für empfehlenswert befundene Site oder einen Artikel und speichert ihn als Lesezeichen oder Bookmark – und zwar an einem Ort, an dem diese Empfehlung für alle Internetnutzer einsehbar ist. Im Gegensatz zu Suchmaschinen wie Google oder Yahoo werden diese Links nicht nach Schlüsselwörtern geordnet dargestellt, sondern spiegeln die Wertigkeit bei den Usern wieder. Um ein Social Bookmark zu setzen, muss man sich – kostenlos – bei einem Social-Bookmarking-Anbieter registrieren, etwa bei *Oneview, deLicio.us, YIGG* oder *Mister Wong*. Das tun viele User allerdings generell ungern, weil sie ihre Daten und ihr Userverhalten so wenig wie nur irgend möglich im Netz gespeichert wissen wollen. Ob das Ganze am Ende wirklich Empfehlungscharakter hat, ist sicherlich diskussionswürdig. Dass es das eigene Ranking erhöht, ist allerdings Fakt.
- *Tell-A-Friend:* Freunde senden Dritten in vorgefertigten Formularen die Information der Seite als E-Mail, zum Beispiel mit der Funktion: „Artikel als E-Mail senden". Die Datei enthält einen Link zu der Site, die empfohlen wurde – und bringt der Site nicht nur einen Besucher mehr, sondern vielleicht auch einen neuen Kunden.

Exkurs: Viral-Marketing

Virales Marketing nutzt existierende soziale Netzwerke, um Aufmerksamkeit auf Marken, Kampagnen oder Produkte zu lenken. Die wichtigsten Eckpunkte des Viral-Marketing sind:

- Die Weiterleitung erfolgt freiwillig. Der Kunde muss demnach durch das Produkt selbst motiviert werden, es weiter zu verbreiten.
- Das weitergeleitete Produkt, die Leistung oder Information ist kostenlos.
- Botschaft und Art der Weiterleitung sind einfach erschließ- und durchführbar.
- Das Angebot enthält einen echten Kundennutzen. Beim Viral-Marketing besteht der Nutzen meist im Unterhaltungswert, beim Empfehlungs-Marketing auch in finanziellen oder anderweitig vergünstigenden Anreizen wie Verlängerung einer kostenlosen Probemitgliedschaft.
- Gezieltes Viral-Marketing findet meist über das Internet statt. Also muss auch die Zielgruppe eine Affinität zum Internet besitzen und zur Kundenstruktur des Unternehmens passen.

Ein „Virus" will durch klug gestreute Informationen eine Lawine ins Rollen bringen, in der sich die Nachricht von Mund zu Mund weiterträgt. Das „Trägermedium" sind bereits bestehende soziale Netzwerke in der Zielgruppe, wie etwa Freunde, Bekannte, Arbeitskollegen, Nachbarn oder Netzwerkpartner. Der erste „Infizierte" muss ein möglichst effektiver Überträger sein und die Botschaft selbst sollte nicht den Eindruck erwecken, als würde ihr Verbreiter künstlich manipuliert werden. Somit hätten wir bereits zwei Kernprobleme oder auch Herausforderungen des Viral-Marketing genannt: Das Entwickeln einer „viraltauglichen" Information und ihre Umsetzung sowie deren Positionierung bei „überträgertauglichen" Menschen, die geeignet sind, schnell und tief ins Herz der Zielgruppe vorzudringen.

„Gießkannen-Prinzip" contra Zielgruppen-Empfehlung:
Erfolg hat hier nur, was Spaß macht und den Nerv der Zielgruppe hundertprozentig trifft. Nach der KISS-Formel (Keep it small and simple) werden Botschaften via Animationen, Dokumenten, Gerüchten, Spielen oder Videoclips in den „Brutstätten" positioniert und verbreiten sich von dort aus nach dem Schneeballprinzip weiter – zum Teil bis zur Mainstream-Presse und somit ins Massenpublikum.

Das Netz als Erfolgsfaktor

Über Blogs und Foren, über Mailinglisten und Communities verbreiten sich spektakuläre Informationen schneller als ein Orkan. Viele große und kleine Unternehmen nutzen dieses Wissen und drehen zum Beispiel Werbespots, die nur im Netz erscheinen, oft nicht als solche gekennzeichnet sind und vor allem ein Kriterium erfüllen müssen: Sie müssen Aufsehen erregen und zur Spekulation einladen. Anders gesagt: Sie müssen es wert sein, weiterempfohlen, weitererzählt zu werden.

Der Schneeballeffekt und somit der Erfolg einer Viral-Marketing-Kampagne – zumindest, was die Ausbreitung betrifft – ist im Internet messbar, und zwar durch sogenanntes Online-Tracking, etwa von der Hamburger Firma DSG Dialog Solutions GmbH (*dialog-solutions.de*), die auch Viralspots selbst entwickelt. Wie ein solcher Spot sich verbreiten kann, beschreibt das Unternehmen anhand einer Werbekampagne für die Baumarktkette OBI:

Ein in Amateurästhetik gedrehtes Online-Video zeigt einen Heimwerker in einem unausgebauten Dachstuhl. Er springt locker von einer Leiter, landet auf einem orangefarbenen OBI-Eimer, beginnt, mit mehreren Hämmern gleichzeitig zu jonglieren und schafft es, durch das Hochwerfen der Hämmer Stück für Stück einen Nagel in einen Balken über sich zu treiben. In den ersten drei Wochen nach seiner Platzierung im deutschsprachigen Internet erreichte der Clip über vier Millionen Viewer und stieß tausende Diskussionsbeiträge an. Über internationale Portale wie YouTube, Metacafé, MySpace oder Break verbreitete sich die geplante Epidemie binnen weniger Wochen. Aus der Website von DSG:

"Der ‚Hammer-Jongleur' ist der ‚virale Motor' einer integrierten Kommunikationskampagne für die laufende Angebotsaktion ‚Hammer-Herbst' von OBI. In Internet-Foren und auf Portalen wird die Frage diskutiert, ob das Hammerkunststück real oder das Ergebnis computeranimierter Bilder ist und damit einen werblichen Hintergrund hat."

Das Problem des Viral-Marketing schwingt in dieser Erklärung bereits mit: Wie viele der Diskutanten werden nach der Aufklärung des Hammer-Mysteriums wirklich neue Obi-Kunden? Und was konkret bringt es dem Unternehmen Obi, wenn es theoretisch fortan in den Köpfen einiger auf immer und ewig als Auftraggeber des Hammermann-Videos in Erinnerung bleiben wird? Wie immer in der Werbung gilt es daher, die hinter den Bildern liegenden Assoziationen klug zu wählen. Der Marlboro-Mann mit seinem Pferd und dem Sonnenuntergang prägte – als Zigarettenwerbung in unserem wundervollen Land der freien Meinungsäußerung noch erlaubt war – das Flair der Marke: Freiheit, Herausforderungen meistern, Abenteuer.

Zum Abschluss des Exkurses noch ein kluger Schachzug eines inhaltlich diskussionswürdigen, handwerklich aber exzellenten deutschen Boulevardblatts mit vier Buchstaben (zu Hochdeutsch: BILD). Ein typisches Viral-Marketing-Element war die BILD-Zeitungsente kurz vor dem Umbau des BILD-Online-Auftritts. Rief man die BILD-Website auf, erschien im Dezember 2007 recht kurz – und auch nur einmal pro eingewählter IP-Adresse – ein „Knistern" wie bei einem defekten Röhrenfernseher. Dann schwamm eine Ente herein und ein kurzer Videospot verkündete, die BILD-Seite sei gehackt worden und werde in Kürze abgeschaltet. Die Nachricht verbreitete sich wie ein Lauffeuer im Netz – und war doch nur ein von BILD selbst inszenierter Werbegag, um auf den tatsächlich kurz darauf anstehenden Relaunch der Website hinzuweisen. Wie immer bei Werbeideen aus dem Springer-Konzern für dieses Medium: Hut ab.

Einen Virus anstoßen können zum Beispiel:

- *E-Mails mit Witzen, interessanten Bildern usw.* Das Problem: Kaum jemand öffnet heute noch einen Anhang einer nicht klar vertraulichen Quelle. Inhalte sollten daher in Text eingebunden sein oder Links beinhalten – aber auch diese müssen einen vertrauensvollen Eindruck erwecken.
- *Petitionen*: Eine Unterschriftenaktion zu einem emotional bewegenden Thema wird nicht selten dazu genutzt, Page-Impressions zu generieren und überdies zum Beispiel auf das soziale oder ökologische oder sonstige Engagement eines Anbieters aufmerksam zu machen.
- *Videos/Podcasts* mit spektakulären oder brüllend witzigen Inhalten.
- *Wetten* mit Abstimmfunktionen zu aktuellen, emotional besetzten Themen.
- *Weblogs:* Ausführlicher dazu im Kapitel über Weblogs.

Ziele des Empfehlungs-Marketings

Empfehlungs-Marketing kann auf kurzfristige Bekanntheit setzen oder langfristig wirken. Zwei Beispiele zeigen dies:

z.B. Erinnern Sie sich noch an den Film „Das Blair Witch Projekt"? Es war kein aufwendig produzierter Film, die Herstellungskosten betrugen lächerliche 2,5 Millionen Dollar. Der Marketing-Etat hingegen lag bei rund 25 Millionen Dollar. Schon lange vor Filmstart wurde *Blair Witch* als Geheimtipp gehandelt. Der Tipp war so geheim, dass fast jeder ihn kannte. Mystik, Verbrechen und viel zu wenig Informationen. Nur eines war klar: Irgendetwas musste es auf sich haben mit diesem Film. Ein Geheimnis, das man nur lösen konnte, wenn man ins Kino ging. Wir haben wahllos fünfzig Leute aus unserem Bekannten- und Freundeskreis gefragt: Nicht einer fand den Film überragend, nur ein einziger konnte sich noch an mehr Story erinnern als „Da rannten irgendwelche Leute

Ewigkeiten bei wackliger Kameraeinstellung durch den Wald, war irgendwie gruselig", und so richtig spektakulär fand das Ganze aus der Retrospektive keiner. Spektakulär war aber die Einspielsumme des Films: 245 Millionen Dollar. Vermutlich hätte das Blair-Witch-Projekt heute weniger Erfolg. Das Netz war damals noch nicht so „voll", wie es heute ist, der Verbreitungsansatz, den der Film wählte, noch recht neu.

Ein aktuelles und auf einer gänzlich anderen Ebene wirkendes Beispiel ist die *Bionade*, die ihren Erfolgslauf in der Hamburger Werbeszene startete. Die erklärte Philosophie des Erfinders Diplom-Braumeister Dieter Leipold: mit seinem Familienunternehmen „mit Anstand Geld zu verdienen". Durch Mundpropaganda stieg der Absatz von 2000 bis 2003 auf zwei Millionen Flaschen, erreichte 2006 70 Millionen Flaschen und wächst derzeit jährlich um über 300 Prozent. Hinter dem Erfolg steht hier neben dem klug gewählten Namen auch die Philosophie des Unternehmens: Ehrlichkeit und Umweltbewusstsein. Die lehrreiche Dokumentation über den Siegeszug der *Bionade* wurde jüngst für den Deutschen Wirtschaftsfilmpreis nominiert.

Außerdem kann Empfehlungs-Marketing die unterschiedlichsten Ziele verfolgen:
Vielleicht kennen Sie das Bild der Tänzerin, die sich mal in die eine, mal in die andere Richtung dreht? Sie bescherte denjenigen, die sie auf ihre Site stellten, viele tausend Besucher, erhöhte also deren Ranking, verkaufte oder bewarb konkret aber nichts.
Eine Kombination von viralen und anderen Marketing-Ansätzen ist sinnvoll und möglich; der DSG empfiehlt für das Viral-Marketing einen Vorlauf von mindestens zwei bis drei Wochen. Der Grund: Ihre „Virenträger" werden etwas vor allem dann weiterleiten, wenn Sie das Gefühl haben, das „als Erster" oder „exklusiv" zu haben. Finden sich die gleichen Inhalte auch in der klassischen Werbung, muss (und wird) es nicht mehr weiterempfohlen. Logisch: Was jeder weiß, ist kein

Tratscherfolg mehr, erntet nirgends hochgezogene Brauen und ein überraschtes „Das gibt's doch nicht!".
Und selbstverständlich verbreitet sich ein klug gestreutes Gerücht nicht nur im Netz, sondern auch am Telefon, in der Kantine oder via Brief – wenngleich deutlich langsamer.

Empfehlungen für das eigene Unternehmen nutzen

Beginnen wir mit der Gretchenfrage:

Wie werde ich empfehlenswert?

Zunächst einmal durch gute Leistung. Dummerweise können Sie so gut sein, wie Sie wollen: Es nutzt der Zugkraft Ihres Unternehmens gar nichts, wenn niemand davon weiß. Deshalb lautet der erste Rat: Glänzen Sie! Wer brüstet sich schon gern damit, einen völlig durchschnittlich aussehenden und völlig durchschnittlich funktionierenden Gegenstand oder eine entsprechende Dienstleistung erworben zu haben? Richtig: Niemand.

Weiterempfohlen wird das Besondere, das Außergewöhnliche, das, was angenehm anders ist als der Rest. Oder derjenige, der überzeugend und charmant genug von sich behauptet, die Nummer eins zu sein. Noch lieber der, der diese Aussage auch belegen kann, etwa durch Preise, positive Forschungs- oder Studienergebnisse oder Ehrungen durch angesehene, neutrale Dritte. Aber auch Ratings und Rankings positionieren Sie auf dem Siegertreppchen weit oben. Seien Sie ehrlich: Auch Sie schauen in den Suchmaschinenergebnissen höchstens durch die ersten zwei oder drei Seiten. Wer tiefer gelistet ist, hat verloren – falls er Ihnen nicht explizit weiterempfohlen wurde.

Die meisten Preise und Auszeichnungen sind kein Zufall, sondern von langer Hand vorbereitet. In der Welt des Überangebots helfen Auszeichnungen beim Kaufentscheid ungemein – von dem Prädikat der Stiftung Warentest über Öko-Siegel bis hin zum Fantastik-Preis. Halten Sie nach Möglichkeiten für solche Preise Ausschau – und wenn Sie sie in Händen halten, zeigen Sie sie und erzählen Sie davon. Wenn Sie nicht das beste Restaurant der Welt sind, dann grenzen Sie Ihre Außergewöhnlichkeit ein. Das beste indische Restaurant in Köln zum Beispiel – sicherlich gibt es eine Möglichkeit, dass ein Magazin Sie als solches auszeichnet, wenn Sie gut sind. Und schon haben Sie etwas, mit dem Sie für sich werben können.

Gerade vielen kleinen Unternehmen ist dieses Vorpreschen, das Werben generell unangenehm. Doch unsere Aufmerksamkeit ist begrenzt, und wir sind auf etwas angewiesen, das sie weckt. Understatement wirkt im direkten Kontakt sicherlich sympathisch – aber durch Understatement kommen viele Kontakte leider erst gar nicht zustande. Beispiel gefällig? Jedem, der sich auch nur ein wenig mit der Geschichte Amerikas beschäftigt, ist klar, dass Christopher Kolumbus nicht der Erste in Amerika war, sondern lediglich der Erste, der seine Geschichte gut genug unter das Volk gebracht hat. Oder denken Sie an Reinhold Messner. Der hat zwar nicht als erster den Mount Everest erklommen, tat es aber – übrigens mit dem Zillertaler Peter Habeler an seiner Seite – allein und ohne Sauerstoffgerät – und hat diese Besteigung im Gegensatz zu Peter Habeler gut genug vermarktet. Messner kennt bis heute jeder, er ist der Inbegriff des Bergsteigers. Kennen Sie Sir Edmund Hillary und den Sherpa Tenzing Norgay, die 1953 wirklich als erste den Mount Everest bezwangen und lebend zurückkehrten? Auch wir kennen diese Namen nur, weil wir sie gerade eben nachgeschlagen haben. Und wir würden Reinhold Messner ebenso wenig kennen, wenn dieser seine Geschichte nicht klug aufbereitet und weitererzählt hätte.

Dieses „gut unter das Volk bringen" ist die eigentliche Herausforderung beim Empfehlungs-Marketing. Ihr Produkt, Ihre Dienstleistung muss anders sein, besonders, bezaubernd, charmant. Das sagt sich so leicht? Das ist es auch, denn Sie selbst können entscheiden, was an ihr anders ist. Sie selbst kreieren die Geschichte zu Ihrem Produkt.

Denken Sie an Joanne K. Rowling, die Autorin des „Harry Potter". Die Entstehungsgeschichte dieses Erfolgsbuches ist rundum sympathisch, auch wenn Rowling Teile davon später oft dementiert hat: Eine arme alleinerziehende Mutter schreibt mangels Papier auf Servietten in einem kleinen Café. Sie schreibt eine Geschichte auf, die ihr im Zug eingefallen ist – an eben jenem Bahnhof, an dem auch im Buch der entscheidende Übergang zur magischen Welt stattfindet. Joanne K. Rowling hat sich gut positioniert – oder ist gut positioniert worden. Die Bücher von Harry Potter und ihr Erfolg sind ein klassischer Fall von Empfehlungs-Marketing. Wenn die Lawine einmal wirklich rollt, gibt es kein Halten mehr – und die ganze Welt wird mitgerissen.

Sie haben es spätestens im Rahmen dieses Buches ja schon oft genug durchexerziert: Was macht Sie zu etwas Besonderem? Nehmen Sie genau diesen Punkt – und bringen Sie ihn unter das Volk. In einer Geschichte, die sich weiterzuerzählen lohnt.

Wie verzaubere ich meinen Empfehler-Pool?

- *Sich des eigenen Potenzials bewusst werden.* Die Netzwerkplattform Xing verdient eine Menge Geld mit der professionellen Nutzung und Umsetzung eines einfachen Prinzips: Jeder kennt jeden um ein paar Ecken. Jeder Erwachsene, so die Idee dahinter, pflegt mehr oder weniger enge Kontakte zu 250 bis 1.000 Bekannten, Freunden, Kollegen und Geschäftspartnern. Diese Kontakte sind sein Kapital. Sind Sie sich Ihres Potenzials bewusst? Haben Sie Ihre Kontakte in verschiedene Kategorien geordnet? Welche dieser Personen hätten Sie gern als Empfehler für Ihr Unternehmen? Und welche Person kennt wiederum Menschen, die Ihnen nutzen könnten? Arbeiten Sie weiter am Ausbau und an der Pflege Ihres Netzwerkes und wenn ja, mit welchem konkreten Ziel?
- *Mit dem gewissen Extra zum Staunen bringen.* Wer in einem Café einen Kakao bestellt, der wundert sich nicht, wenn er die übliche Tasse dünner Plörre mit oder ohne Sahnehaube bekommt. Wer aber in

Halle an der Saale in den *Roten Horizont* geht, den erwartet eine Schokoladenkarte, die ihn das Staunen lehrt: Nuss-Schokolade, Schokolade mit Rosen- oder Paprikaschoten-Geschmack und so weiter. Das Getränk ist ein klein wenig anders als der herkömmliche Kakao, ist etwas dicklicher in der Konsistenz, fast ein wenig wie Pudding – und schmeckt bombastisch gut. Ein Erlebnis, das haften bleibt – und das man gern weiterempfiehlt.

❑ *Kunden glücklich machen.* Sie kennen Ihre Zielgruppe? Gut. Dann kennen Sie auch den Punkt, der sie verbindet. Das ist der Punkt, an dem Sie mit Ihrer Geschichte ansetzen müssen. Was wünschen sich diese Kunden? Was überrascht sie? Wie können Sie sie glücklich machen? Und, ganz wichtig: Wie kommen Sie mit ihnen in Kontakt, um zu erfahren, ob Sie sie glücklich gemacht haben und was Sie noch tun können, um sie noch glücklicher zu machen? Das können Sie zum Beispiel über Foren, Leistungsfeedbacks, Gästebuch usw. lösen.

❑ *Erwartungen abfragen, erfüllen – und besser sein als gut.* Fragen Sie Neukunden wenn möglich stets, wie diese auf Sie gekommen sind, wer Sie empfohlen hat und warum. So erfahren Sie zum Beispiel, dass Ihr Neukunde sich an Sie wendet, weil er von Ihnen einen besonders guten Service im Bereich XY erwartet. Da Sie seine Erwartungen jetzt kennen, müssen Sie sie nicht nur erfüllen, sondern am besten übertreffen. Dann haben Sie Ihrem Kunden die Lobeshymne fast schon in den Mund gelegt: „Der Paul hat mir XY empfohlen. Ich hab es ausprobiert, und du glaubst es kaum: Es ist nicht nur gut; es ist viel besser, als ich erwartet hätte."

❑ *Pflegen und Hegen.* Bei Kunden ist es wie bei der Akquise: Sie immer wieder neu zu gewinnen, kostet viel, viel Zeit. Ebenso verhält es sich mit Empfehlern: Haben Sie diese einmal für sich gewonnen, sollten Sie sie hegen und pflegen und bei der Stange halten, etwa durch kleine Gimmicks, durch exklusives Wissen oder Vorab-Premieren, durch einen besonderen Status – als Tester zum Beispiel – oder auch einfach nur durch ein von Herzen kommendes Lob.

Finden, überzeugen und nutzen Sie im Rahmen Ihrer Zielgruppe diejenigen, die in den Augen Vieler „sexy" sind, zu denen aufgeschaut wird. Logisch – denn diese scharen die größte Menge an Nachahmern um sich. Der örtliche DJ einer großen Disco etwa erreicht als Multiplikator mehr potenzielle Kunden als der kleine Buchhalter von nebenan – dem in der Regel niemand nacheifern will, weil er deutlich weniger cool ist, als sein CDs schwingender Nachbar.

Fallstricke beim Empfehlungs-Marketing

Wer viel verspricht aber wenig halten kann, wird erfahren, wie schnell Empfehlungs-Marketing vom Erfolgsinstrument zum Sargnagel werden kann.

 Fragen Sie sich daher vorher:
- ❏ Kann ich wirklich leisten, was ich verspreche?
- ❏ Ist das Unternehmen bei Kampagnenerfolg einem Großansturm an Aufträgen gewachsen?
- ❏ Ist die Botschaft, die ich in die Welt entlasse, wirklich so deutlich, dass sie nicht auf ihrem Weg zu etwas anderem uminterpretiert werden könnte, das mir schaden kann?
- ❏ Und: Kann meinem Unternehmen Schaden entstehen, wenn der User zum Marketing-Mitarbeiter wird?

Der Fokus viraler Infekte liegt auf der Unterhaltung. Wo beim Empfehlungs-Marketing oder der Mundpropaganda Person 1 Person 2 hilft, eine Kaufentscheidung zu treffen, empfiehlt, wer unterhaltsame Werbung weiterleitet, noch lange nicht gleichzeitig das entsprechende Produkt. Mit etwas Pech rückt die Marke beim Viral-Marketing sogar ganz in den Hintergrund. Wussten Sie etwa, dass das einst so beliebte Moorhuhn-Spiel eigentlich die Marke Johnny Walker stützen sollte? Klassisches Werber-Know-how ist also gefragt – ebenso wie Zeit und ein langer Atem. Denn die Spots oder Spiele, die sich wie von selbst als

Lauffeuer verbreiten, sind heute äußerst rar gesät und oft Zufallstreffer. Außerdem gilt auch beim Viral-Marketing, dass es wichtig ist, das Ganze mit Maß, Charme und Fingerspitzengefühl zu betreiben. Wer etwa Einträge in Online-Enzyklopädien gezielt missbraucht, indem er sie fälscht, kann sich schnell die Missgunst einer großen Community zuziehen. Und allzu viel gefakte Propaganda kann auch schon mal ein ganzes Medium unglaubwürdig machen. Die Amazon-Besprechungen etwa sind so ein Thema. Oft merkt man den Beurteilungen allzu deutlich an, dass Verlag oder Autor selbst sie verfasst haben oder haben verfassen lassen. Wenn der Kunde Schleichwerbung als solche erkennt, beginnt er oft zu selektieren. Ein Buch, das zehnmal in den höchsten Tönen von „Rezensent/in" gelobt wird – und das im schlimmsten Fall noch mit sehr ähnlicher Wortwahl –, erscheint vielen eher suspekt als kaufenswert.

Mehr zum Thema

- Sascha Langner: *Viral-Marketing.* Wiesbaden 2007
- *viralmarketing.de* – Das Blog von Markus Roder und Christian Wilfer rund um wissenschaftliche Erkenntnisse, Zahlen und Fakten zu viralen Kampagnen
- Klaus J. Fink: *Empfehlungsmarketing. Der Königsweg der Neukundengewinnung.* 3. aktualisierte Ausgabe. Wiesbaden 2005
- Blog: *connectedmarketing.de* von Martin Ötting

Networking on- und offline

Politiker tun es, Wall-Street-Broker tun es, Schauspieler tun es, junge Eltern tun es – und Sie tun es auch: netzwerken. Vielleicht tun Sie es nur privat und wissen es gar nicht. Dann sollten Sie sich auch beruflich mit diesem Thema auseinandersetzen, denn es kann Ihnen nur nützlich sein. Im vorangegangenen Kapitel über Empfehlungs-Marketing haben Sie schon einiges darüber erfahren, dass und warum das Knüpfen und Pflegen von Kontakten so wertvoll ist. Warum Netzwerken zu den besten Marketing-Instrumenten überhaupt gehört und wie man ein guter Netzwerker wird, erfahren Sie jetzt.

Von der Kunst des Netzwerkens

Wir alle leben in sozialen Netzwerken. Kindergarteneltern etwa, die Abholgemeinschaften organisieren oder das Kind des jeweils anderen zu sich nehmen, wenn es beruflich oder privat gerade „brennt" oder ein gutes nachbarschaftliches Verhältnis, bei dem man sich zur Urlaubszeit um Blumen oder Katzen des jeweils anderen kümmert, ein Familienverbund – all das sind Netzwerke. Und ohne sie kämen wir im Leben deutlich schwerer zurecht.

Auch beim beruflichen Networking geht es um das Pflegen und um den Aufbau von Kontakten, die Ihnen beruflich weiterhelfen. Mit Ihren Netzwerkpartnern können Sie bei Projekten kooperieren, von und an ihnen lernen und sich weiterbilden und über sie Aufträge generieren und sich weiterempfehlen lassen. Unabdingbare Voraussetzung: Sie müssen sich selbst gleichermaßen einbringen und das eigene Wissen mit Ihren Netzwerkpartnern teilen.

Das berufliche Netzwerk kann aus den unterschiedlichsten Menschen zusammengesetzt sein: aus Bekannten, (ehemaligen) Kollegen aus Studium oder Job, Freunden – aber auch zunächst Wildfremden, die man noch nie in seinem Leben gesehen hat. Auch hier gilt Klasse statt Masse: Viele Kontakte sind nie schlecht, und sicherlich ergibt sich der ein oder andere Streueffekt im Laufe eines Unternehmerlebens. Den wesentlich größeren Wert aber haben Kontakte, die das Unternehmen wirklich weiterbringen. Und diese finden sich nicht nur in fremden Branchen, sondern auch bei Kollegen, die in gleichen oder ähnlichen Bereichen arbeiten. Sie sind der Meinung, dass die Konkurrenz ein Haifischbecken ist, mit dem man möglichst nichts zu schaffen haben sollte? Dann sind Sie für das Netzwerken nicht geschaffen. Lesen Sie dennoch weiter – vielleicht besinnen Sie sich ja eines Besseren. Das wäre gut, denn Netzwerken lohnt sich, wenn man es richtig betreibt, für alle Beteiligten.

Die Welt ist klein

Es gibt regionale und überregionale Netzwerke; geschlossene, exklusive oder offene Netzwerke; informelle oder formelle Netzwerke. Während man in manche Netzwerke ohne Probleme eintreten kann, fordern andere Zugangsvoraussetzungen, und wiederum andere sind gar nicht „akquirierbar", sondern nehmen nur auf Empfehlung hin auf und sprechen potenzielle neue Mitglieder selbst an. Wir beschränken uns im Folgenden auf die „untere" und „mittlere" Stufe – auf jene Netzwerke also, denen Sie selbst beitreten können, wobei Sie bei einigen bestimmte berufliche Voraussetzungen erfüllen müssen. Gründerstammtische oder Unternehmernetzwerke gibt es in fast jeder Stadt. Man findet sie sehr leicht, indem man eine Suchmaschine mit einem der Worte und dem Namen der eigenen Stadt füttert. Immer mehr an Bedeutung gewinnen überdies Netzwerke im Internet.

Eine exemplarische Auswahl von Online-Netzwerken und Verbänden

AGD e.V. (Allianz deutscher Designer); Interessensvertretung „arbeitnehmerähnlicher" Designer; Seminare, Regionalgruppen; Service-Pool für Auftraggeber; über 3 000 Mitglieder; *agd.de*

EMWA (European Medical Writers Association); Internationale Vereinigung der Medizinredakteure; Fortbildungen und Links zu „Schreiben in der Medizin"; *emwa.org*

Fachverband freier Werbetexter e.V. (Berufsverband für Texter und Konzeptioner); offen für Freie und Angestellte; offene Texertreffen in diversen Großstädten, Weiterbildung, Diskussionsforum, Projektbörse; Dienstleister-Datenbank für Auftraggeber; *werbetexter.com*

Jetztwerk (Netzwerk für Freelancer Schwerpunkt IT); virtuelle Unterstützung und regionale Treffen, Stammtische, Themenabende, Mailinglisten; *jetztwerk.de*

Texttreff (Online-Netzwerk für Frauen in Medienberufen); bei Eintrittswunsch sind Arbeitsbelege beizubringen; für Mitglieder Präsentationsplattform, Honorardatenbank, diverse Diskussionslisten; regionale Treffen; eigenes virtuelles Erfolgsteam; *texttreff.de*

VFLL (Verband der Freien Lektorinnen und Lektoren); Netzwerk freier Lektoren, Korrektoren und Übersetzer; Interessenvertretung, Erfahrungsaustausch und Qualifizierung, Rechtsberatung; Regional- und Arbeitsgruppen, *vfll.de*

Wirtschaftsjunioren Deutschland (Führungskräfte und Unternehmer unter 40); Ziel: Wirtschaft und Gesellschaftspolitik in Deutschland mitgestalten; elf Landes- und 210 Kreisverbände; *wirtschaftsjunioren.de*

Xing (ein nahezu weltweites, berufsübergreifendes Netzwerk); viele Kontakttools und Filterfunktionen, Jobausschreibungen, gute Möglichkeit zur Selbstpräsentation und Fachforen, in denen man sich als Experte – Engagement vorausgesetzt – gut positionieren kann; *xing.de*

Eine Übersicht der „besten" Netzwerke des Jahres 2006 findet sich in englischer Sprache hier:
http://mashable.com/2006/12/24/top-social-networks-2006/

Nie zuvor war es so leicht, Kontakte über alle Grenzen hinweg zu knüpfen und zu pflegen. Es gibt unzählige regionale und berufsspezifische Netzwerke. Welches für das eigene Netzwerken besonders geeignet ist, hängt von den individuellen Bedürfnissen ab.
Möchten Sie ein reines Online-Netzwerk mit angeschlossener Mailingliste oder angeschlossenem Forum? Auch manchmal den beruflichen Austausch von Mensch zu Mensch – etwa in Regionalgruppen? Vergünstigungen – etwa bei Fortbildungen – durch Berufsverbände? Dass es auch etwas „menschelt" und neben dem Business auch mal Privates besprochen werden kann? Die Möglichkeit, sich im Internet gut zu präsentieren, so lange Sie noch über keine eigene Homepage verfügen? Anregungen für Ihre Honorargestaltung sammeln? Kontakte zu potenziellen Geschäftspartnern in anderen Ländern knüpfen?

Die Top 20 der Marketing-Instrumente

Ein regionales Netzwerk aufbauen? All das und noch viel mehr ist im Rahmen von Netzwerken möglich. Wichtig ist auch bei diesem Marketing-Tool, dass Sie klare Antworten auf die Fragen „Wer bin ich und was konkret macht mich als Unternehmer aus?", „Was kann ich dem Netzwerk bieten?" und „Was will ich in diesem Netzwerk erreichen?" geben können.

Es gibt die unterschiedlichsten Arten von Netzwerken, und aus nahezu jedem von ihnen kann man als Unternehmer etwas mitnehmen. Manche Netzwerke sind zum Beispiel ob des rauen Tons oder vieler Selbstdarsteller anstrengender als andere, manche staubtrocken und rein auf das Fachliche beschränkt und dritte heimeliger. Es gibt Menschen, die behaupten, dass letztere die effektivsten Netzwerke sind, weil in ihnen auch geschäftliche Freundschaften entstehen, die Bande enger geknüpft sind und man sich untereinander besonders gern weiterempfiehlt. Bestimmt wird in Netzwerken „geklüngelt", etwa, wenn ein Jobangebot erst (Ex-)Kollegen unter der Hand weitergegeben und erst später oder vielleicht nie veröffentlicht wird. Dennoch sind Netzwerke kein „wahlloser Klüngelclub". Wer einen Job im Rahmen eines Netzwerks annimmt, die erforderlichen Qualifikationen aber eigentlich nicht erfüllt, blamiert nicht nur sich, sondern auch seinen Netzwerk-Kollegen – und hat vielleicht sogar zu verantworten, dass dieser einen langjährigen Kunden verliert. Ein Netzwerk ist ein diffiziles Geflecht und seine Basis ist – wie stets im Umgang von Menschen untereinander – Vertrauen.

 Um die Seele des Netzwerkens zu verstehen, sollte man klarmachen, was Netzwerke *nicht* sind: Dienstleistungsunternehmen; Plattform für Selbstdarsteller oder Besserwisser; Orte, an denen man ungestört SPAM (Werbung) verbreiten darf oder ausgewiesene Jobvermittlungsbörsen.

Es gibt ein paar Verhaltensweisen, mit denen Sie in jedem Fall schnell und erfolgreich ein ganzes Netzwerk gegen sich aufbringen können und die Sie daher vermeiden sollten:

❏ *Erst handeln, dann denken:* Gerade Online-Netzwerke haben geschriebene Regeln (oft Netiquette genannt), die neuen Mitgliedern zugeschickt oder an anderer Stelle zur Verfügung gestellt werden. Sie sind keine Verhaltensvorschläge, sondern wirklich verbindliche Regeln, an die zu halten Sie sich verpflichten, wenn Sie dem Netzwerk beitreten. Einige typische Netiquette-Regeln: Nur Beiträge posten, die einen bereichernden Inhalt haben; keine persönlichen Angriffe; Anweisungen der Moderatoren ist Folge zu leisten; Vorstellung erwünscht; Zitate nur mit Quellenangabe; vor Fragen erst ins Forum schauen.

❏ *Eigenwerbung:* Sei es virtuell oder von Angesicht zu Angesicht: Werbung wird in Netzwerken nur unter ganz bestimmten Bedingungen (siehe unten) gern gesehen. Vergessen Sie nicht: Jeder in Ihrem Netzwerk kann etwas und hätte daher etwas, für das er werben könnte. Wenn nun jeder von – sagen wir mal – 500 Mitgliedern allen anderen zweimal im Jahr eine Mitteilung über aktuelle Seminare oder just erschienene Bücher oder Artikel zusenden würde, hätten die armen Netzwerk-Kollegen 1 000 SPAM-Mails pro Jahr in ihrem Postfach oder 1000 Flyer Papiermüll zu beseitigen. Das ist nicht nur unerfreulich, sondern unhöflich.

❏ *Persönliche Angriffe und Polemisieren generell:* Nichts gegen Kritik – die sollte natürlich auch in einem Netzwerk erlaubt sein. Vergessen Sie aber dennoch Ihre guten Umgangsformen nicht. Und hüten Sie sich in jedem Fall davor, zu versuchen, Ihre Kompetenz zu beweisen, in dem Sie die Arbeit eines anderen zerreißen. In der Regel gilt: Was Sie unter Freunden nicht täten, sollten Sie auch in Ihrem Netzwerk unterlassen.

❏ *Fordern und nicht Geben:* Ein Netzwerk ist ein freiwilliger Zusammenschluss. Sie können um Hilfe bitten, aber niemand ist verpflichtet, Ihnen diese auch zu gewähren. Und einfordern können Sie Unterstützung erst recht nicht. Auch wenn Sie sich immer nur mit Fragen und Bitten an das Netzwerk wenden, selbst aber rein gar nichts zur Lösung der Probleme anderer beitragen, wird man Ihnen bald nicht mehr gern weiterhelfen.

❏ *Kollegen oder Kunden namentlich schlecht machen:* Probleme, die Sie mit Dritten hatten, können Sie sicherlich auch in ein Netzwerk tragen, wenn es passt oder Sie denken, dass Dritte von Ihren Erfahrungen lernen können. In gar keinem Fall aber dürfen Sie dabei Namen nennen. Nicht nur, weil es Sie rechtlich in Teufels Küche bringen kann, sondern auch, weil jeder weiß, dass ein Ding immer zwei Seiten hat. Wenn Sie also hier über einen Dritten vom Leder ziehen – wer verspricht mir als Ihrem Netzwerkkollegen, dass Sie nicht vielleicht auch mich an anderer Stelle schlecht machen, wenn Ihnen eine Laus über die Leber gelaufen ist oder Ihnen etwas an mir oder meinen Kommentaren nicht passt?

Hilfreich ist es ebenfalls, sich zu vergegenwärtigen, weshalb Menschen sich Netzwerken anschließen. Schließlich ist das Pflegen eines Netzwerkes viel Arbeit, das Lesen und Beantworten von Mails kostet eine Menge Zeit und regelmäßige Treffen ebenso. Manche Netzwerke schlagen zudem mit einem jährlichen Beitrag zu Buche. Warum also machen sich Menschen die Mühe, sich Netzwerken anzuschließen, wo sie ihre Zeit außerhalb der Arbeit doch ebenso gut mit Kino- oder Freibadbesuch verbringen könnten?

Menschen, die sich zu Netzwerken zusammenschließen, suchen den Austausch mit Kollegen. Sie sitzen an ihrem Schreibtisch, in ihre eigenen Projekte versunken, und haben – gerade wenn sie selbstständig sind – manchmal eine Frage, die ihnen mangels Bürogemeinschaft oder Mitarbeitern niemand beantworten kann. Sie wünschen sich also *informelle Unterstützung* und Rat in kleinen oder größeren Belangen des Unternehmeralltags. Außerdem ist ihnen manchmal gerade in Netzwerken mit einem sehr persönlichen Ton nach einem kurzen „Plausch an der Kaffeemaschine" zumute: Sie haben vielleicht etwas Schönes oder etwas Ärgerliches erlebt und möchten dieses Erlebte gern teilen. Viele wünschen sich, in Netzwerken *über den Tellerrand* zu schauen. Was machen die anderen? Kann mich etwas von dem, was sie tun, auch für meine eigene Tätigkeit inspirieren? Wo gibt es vielleicht *Synergieeffekte*, wo einen neuen Trend am Markt, den auch ich in meinem Segment nutzen oder besetzen könnte? Ein weiterer wichtiger

Punkt ist, ein Gefühl dafür zu entwickeln, *wo man selbst am Markt steht*. Vielleicht stellt sich ja heraus, dass all die anderen, zu denen man stets in stummer Ehrfurcht aufgeschaut hat, bei genauer Betrachtung doch nur Menschen sind und man selbst von Dritten gleichfalls Lob für die eigene Arbeit erhält? Durch das „sich selbst Einordnen" bekommt man so mit der Zeit ein gutes Gefühl für Optimierungsmöglichkeiten im eigenen Unternehmen. Ein wichtiger Punkt ist hier auch das *Preisniveau*. Bin ich zu günstig? Zu teuer? Was könnte ich für eine Dienstleistung X verlangen; haben andere vielleicht Erfahrungswerte, die sie teilen wollen und die mir bei der Kalkulation helfen können? Und nicht zuletzt kann man in Netzwerken natürlich auch hervorragend *aktuelle Marktinformationen* austauschen; Tipps und Strategien aus erster Hand erfahren und daran lernen und *Interessensgemeinschaften* und strategische Allianzen bilden, etwa, indem man sich gemeinsam für einen Großauftrag bewirbt.

Nicht alle Netzwerke sind so offen und reden über alle oben genannten Themen. Da aber jeder, der Teil eines Netzwerkes ist, auch dessen Ton mitprägen oder vielleicht gar ein eigenes Netzwerk gründen kann, kann vielleicht auch hie oder da durch Ihr Zutun werden, was dort noch nicht ist.

Gerade *Berufsverbände* können hilfreich sein, um sich durch eine Mitgliedschaft gegenüber Kunden zu qualifizieren. Die meisten Berufsverbände haben Aufnahmekriterien – wer also dort Mitglied ist, hat in der Regel beruflich bereits etwas geleistet und ist zumindest kein blutiger Anfänger mehr auf seinem Gebiet. Nicht zuletzt fällt es vielen Unternehmern leichter, mit einem Verband im Rücken etwa über Preise oder Verträge zu verhandeln. Es sagt sich leichter und wirkt nachdrücklicher, wenn man hier auf Verbandsempfehlungen verweisen kann und nicht nur einsam wie der Rufer in der Wüste behauptet, dass etwas nun einmal soundso lange dauert, soundso teuer oder soundso in keinem Fall rechtens ist. Apropos rechtens: Viele Verbände bieten im Rahmen der Mitgliedschaft auch eine Rechtsberatung an, auf die kostenlos zugegriffen werden kann.

Aber längst nicht alle aktiven Netzwerker sind Freiberufler oder kleine Unternehmer. Auch Festangestellte suchen, finden und pflegen ihre

Netzwerke, selbst über konkurrierende Unternehmensgrenzen hinweg. Aus Fachseminaren etwa erwachsen nicht selten kleine, tragfähige Netzwerke, die sich über Jahre hinweg firmenübergreifend mit Chancen und Fallstricken ihrer Branche auseinandersetzen und sich austauschen. Wiederum andere engagieren sich deshalb in Netzwerken, weil sie erworbenes Wissen weitergeben wollen. Business Angels etwa sind gestandene Unternehmer, die in ihren Augen vielversprechenden Gründern im Sinne des Netzwerkgedankens mit Rat und Tat auf die Sprünge helfen und sich anschließend sukzessive wieder aus dem jungen Geschäft zurückziehen.

Nicht zuletzt pflegen fest Angestellte, Freie und Unternehmer gleichermaßen Netzwerke, um voranzukommen, sich weiter zu entwickeln – und, um überhaupt arbeiten und expandieren zu können. Zuverlässige und gute Mitarbeiter sind ebenso schwer zu finden, wie zuverlässige und gute Externe, Lieferanten oder Kooperationspartner. Wer hat sie nicht, die Datei seiner Favoriten, in der er immer wieder einmal stöbert, wenn er einen Auftrag zu vergeben hat oder bei einem Auftrag Unterstützung benötigt? Und wo wären wir, wenn wir immer wieder von Neuem darauf angewiesen wären, uns mit Wildfremden zusammenzuraufen und uns auf diese verlassen zu müssen, in der Hoffnung, dass sie uns nicht enttäuschen? Nein, ohne ein Netzwerk wären Unternehmer sehr schnell aufgeschmissen. Und wer keines hat, sollte es als Investition in seine Firma sehen, sich eines zuzulegen. Denn der Wert Ihres Netzwerkes steigert auch den Wert Ihres Unternehmens. Die Plattform Xing hat dazu einen Test entwickelt, mit dem sich – der Aussage von Xing zufolge – der Wert von Netzwerkkontakten ermitteln lässt: *mynetworkvalue.de*. Was es mit den Zahlen, die am Ende des Tests herauskommen, auf sich hat, darüber kann man sicherlich trefflich disputieren. Schaden kann der Test aber nicht, um sein eigenes Netzwerkverhalten zu reflektieren, zu hinterfragen und so vielleicht zu optimieren.

So werden Sie ein guter Netzwerker – sechs Grundregeln

❏ *1. Erst geben, dann nehmen.* Diese in Netzwerken geltende Regel bedeutet: Wer neu ist, schaut sich erst einmal um und macht sich mit den Regeln vertraut. Dann stellt er sich vor – in Online-Netzwerken etwa zusätzlich mit einer Signatur, die im Idealfall nicht länger als drei Zeilen ist, dennoch viel über ihn aussagt und jedem Post anhängt; offline mit einer kurzen, prägnanten und nicht überladenen Vorstellung des eigenen Unternehmens. Ehe ein Netzwerker selbst um Hilfe bittet, hilft er anderen und bringt sich auch dann in das Netzwerk ein, wenn er selbst gerade keine Hilfe benötigt.

❏ *2. Zeigen Sie sich fachlich, aber auch menschlich.* Wenn Sie sich ein wenig umgesehen und verstanden haben, wie das Netzwerk „tickt" – erzählen Sie von sich, von Ihren Erfolgserlebnissen, aber von auch Ihren Zweifeln oder Sorgen. Kurz: Seien Sie Mensch, und geben Sie auch mal Fehler zu – und nennen Sie möglichst den Lösungsvorschlag gleich dazu.

❏ *3. Werben in eigener Sache – aber richtig.* Den Aspekt „Eigenwerbung" haben wir weiter oben als Tabu aufgeführt. Auf der anderen Seite ist Werbung auch erwünscht, denn schließlich möchte man in einem Netzwerk ja wissen, mit wem man es zu tun hat und wo sich vielleicht Kooperationsmöglichkeiten ergeben könnten. Außerdem interessiert einen das ein oder andere Sachgebiet eines Kollegen, und man ist gern bereit, zu dessen neuem Buch zu greifen oder dessen Workshop zu besuchen. Trifft man sich regelmäßig von Angesicht zu Angesicht, machen viele Netzwerke etwa zu Beginn eine kurze Blitzlicht-Runde, in der jeder erzählt, was er gerade tut, plant oder abgeschlossen hat. Wen es interessiert, der kann nachfragen, und es schadet für diesen Fall natürlich nicht, ein paar Flyer oder anderes Anschauungs- und Informationsmaterial dabei zu haben. Virtuell eignet sich die Signatur, um kurz und prägnant auf bald startende Seminare oder Neuerscheinungen hinzuweisen. Und natürlich ist die Vorstellung selbst ein Moment, an dem Sie hervorragend für sich werben können. Nehmen Sie Ihren Elevator Pitch (siehe Seite 43) und lesen Sie noch einmal das erste Kapitel dieses Buches – und dann zeigen Sie der Netzwerkwelt, was Sie zu bieten haben. Es schadet auch nicht, hier explizit auf die eigenen Stärken hinzuweisen: „Wenn Sie/ihr einen guten XY suchen/sucht – werfen Sie/werft gern einen Blick auf meine Website/meine Referenzen/mein Blog zum Thema XY". Oder „Ich bin Fachfrau/mann für/mein Spezialgebiet ist …". Auch mit Hilfsangeboten und konkreter Hilfe können Sie für sich werben. Wenn es zum Beispiel immer Sie sind, die auf Steuerfragen schnell profunde und hilfreiche Antworten gibt, und zudem unter Ihren Posts in Ihrer Signatur zu lesen ist, dass Sie Steuerjournalistin oder Steuerfachmann sind – dann können Sie sicher sein, dass ein großer Pool an Netzwerkkollegen Sie auch als Steuerexperten abspeichert – und Sie bei Gelegenheit ins Gespräch bringt oder konkret weiter empfiehlt.

❏ *4. Wägen Sie ab, was Sie preisgeben.* Wenn Sie einem Berufsnetzwerk und dessen Mailingliste oder Forum beitreten, befinden Sie sich in einem Geschäftsumfeld – und auch wieder nicht. Hilfsbereitschaft wird in einem guten Netzwerk groß geschrieben, und manchmal „menschelt" es auch. Aber selbst wenn in Ihrem Netzwerk ein netter, kuscheliger Umgang vorherrscht: Sie kennen immer nur die Spitze des Eisbergs Ihrer Leser. Ein Beispiel aus einem Online-Netzwerk: Von 800 registrierten Mailinglisten-Abonnenten mögen nur 50 Mitglieder aktiv sein, aber die restlichen 750 können Ihren Beitrag auch lesen – auch wenn viele es mit Sicherheit nicht tun, weil sie irgendwann einmal bei-, dann aber nicht wieder ausgetreten sind und die Mails vielleicht auch gleich in den SPAM umleiten. Aber gerade in einem Online-Netzwerk benötigt man stets eine gehörige Portion Fingerspitzengefühl, um sich und andere nicht in einem Augenblick der Achtlosigkeit bloßzustellen. Auf den „Senden"-Knopf ist schnell gedrückt, und eine solche Mail, die nun in einem Forum steht oder in eine Mailingliste eingespeist wurde, lässt sich gegebenenfalls nicht so schnell rückgängig machen und in Fall einer Mailingliste auch nicht zurückrufen. In einem Worst-Case-Szenario sieht das dann so aus: In der Mailingliste eines rein beruflichen Netzwerks mit freundlichem, aber sachlichem Tonfall und rund 800 Mitlesern tauchte eines Tages eine Mail auf, in der eine durchaus gut aufgestellte und fachlich anerkannte Juristin in offenherziger Ausführlichkeit von ihrem Wochenend-Techtelmechtel mit ihrem Nachbarn berichtete. Kaum eine Minute später folgte eine entsetzte zweite Mail eben jener Juristin mit dem Betreff „Mein vorheriges Post bitte nicht lesen und löschen!!" und einem Mailinhalt, dem man das flammend rote Gesicht hinter den Worten quasi ansah und aufrichtig mitlitt. Die Dame hatte die Mail an eine Freundin senden wollen, die auch in dem Netzwerk war und hatte auf eine Mail von ihr geantwortet – die aber über die Berufs-Mailingliste gekommen war und deshalb auch an die Mailingliste – und nicht an die Freundin privat – zurückgesendet wurde. So privat wollten alle Beteiligten es dann natürlich auch nicht haben; sicherlich am allerwenigsten die bedauernswerte Juristin.

❏ *5. Sagen Sie nie etwas, das Sie nicht auch in großer Runde unter teils Unbekannten sagen würden.* Dazu gehört selbstverständlich auch, dass Kundengeheimnisse in keiner Mailingliste und keinem Forum und auch keinem anderen On- oder Offline-Netzwerk dieser Welt irgendetwas verloren haben. Mit etwas Pech liest ein Freund oder Angestellter Ihres Chefs mit, und dann haben Sie ein echtes Problem.

❏ *6. Ganz wichtig: Kontakte pflegen.* Kontakte sind wertvoll. Wenn Sie einmal einen guten Kontakt „an der Angel" haben, sollten Sie ihn hegen und pflegen – auch dann, wenn er Ihnen nicht sofort und unmittelbar „etwas bringt". Die Netzwerkerei ist eine langfristige Angelegenheit, und manche Kontakte zahlen sich erst nach vielen Jahren aus – für Sie, aber auch für Ihre Netzwerkpartner. Wenn Sie weiter empfohlen werden: Bedanken Sie sich – sei es durch Sach- oder Fachhilfe oder kleine oder auch größere Geschenke oder durch eine Weiterempfehlung Ihrerseits.

Das richtige Netzwerk finden

Legen Sie für sich selbst fest, wohin Sie Ihr Netzwerk führen soll und was Sie sich mit seiner Hilfe konkret erhoffen. Dann überlegen Sie, was Sie für Ihr Netzwerk tun können. Können Sie – von den Kernfeldern Ihres Jobs einmal abgesehen – gut mit Computern umgehen? Kennen sich perfekt mit Katzen oder Motorradschrauberei aus? Oder sind begeisterter Irish-Folk-Kenner?

 Eine Vorstellung im Netzwerk mit etwas mehr als den Unternehmensfakten kommt nicht nur menschlich und interessant daher – auch Hobbys verbinden Menschen und bieten Anknüpfungspunkte.

Machen Sie sich im Netz auf die Suche, fragen in Foren und geben zum Beispiel in eine Suchmaschine „Netzwerk" oder „Berufsverband/Verband" und den Namen Ihrer Stadt ein – oder „Netzwerk" und den Namen der Branche, in der Sie arbeiten. Oder „Netzwerk" oder „Berufsverband" generell. Schauen Sie sich die gefundenen Netzwerke genauer an. Wenn eines zu Ihnen passen könnte, erkundigen Sie sich nach den Aufnahmebedingungen. Erfüllen Sie diese? Und falls nicht: Was müssen Sie tun, um den Kriterien doch zu genügen? Gibt es vielleicht eine „Anwärter-" oder eine „Junior-Mitgliedschaft"? Manche Netzwerke – gerade im regionalen Bereich – bieten möglicherweise auch Informationsabende für Interessierte, auf denen man sich anschauen kann, ob dieses Netzwerk der richtige Ort sein könnte. Und fragen Sie im Kollegenkreis. Ist vielleicht jemand bereits Mitglied eines Netzwerkes und kann Ihnen oder für Sie eine Empfehlung aussprechen?

Wenn Sie Ihr eigenes Netzwerk zusammenstellen, gedenken Sie auch früherer Kontakte, die Ihnen heute vielleicht hilfreich sein und die Sie vielleicht reaktivieren können. Wissen Sie zum Beispiel, was aus Ihren Studienkollegen geworden ist? Suchen Sie nach Ihnen – über Portale wie Stayfriends, das aber nur Schüler bündelt oder Alumni-Seiten der Universitäten, über Communities mit guter Suchfunktion wie Xing.

Mit etwas Glück und dem Eingeben zumindest ausgefallenerer Namen ins Internet stoßen Sie vielleicht darauf, dass einer Ihrer ehemaligen Freunde oder Kollegen heute an etwas arbeitet, das für Sie oder Ihre Dienstleistung von Vorteil sein könnte.
Und das perfekte Netzwerk? Ist sicherlich das, das nicht nur thematisch zu Ihnen passt, sondern in dem Sie sich auch heimisch fühlen. Denn nur, wenn Sie sich in Ihrem Netzwerk wohlfühlen, können Sie sich auch dauerhaft wirklich engagieren – und damit als Netzwerker erfolgreich sein.

Mehr zum Thema

- Gudrun Fey: *Kontakte knüpfen und beruflich nutzen.* 4. Aufl. Regensburg 2007
- Andreas Lutz: *Praxisbuch Networking.* Wien 2005
- Monika Scheddin: *Erfolgsstrategie Networking. Business-Kontakte knüpfen, organisieren und pflegen.* 2. Aufl. Nürnberg 2005
- Hermann Scherer: *Wie man Bill Clinton nach Deutschland holt. Networking für Fortgeschrittene.* Frankfurt am Main 2006

Buchveröffentlichungen

„Das gesprochene Wort verweht, das Geschriebene bleibt bestehen." Das wusste schon Quintus Horatius Flaccus (65 v. Chr. – 8 v. Chr.), seines Zeichens römischer Dichter. Wir kennen und zitieren ihn noch heute: Horaz. Carpe diem.
Ehe Horaz einen Mäzen fand, arbeitete er parallel zu seiner Schreibtätigkeit als Sekretär. Vom Schreiben kann kaum jemand leben, bis heute nicht. Dafür dauert das Verfassen eines Buches ziemlich lange, ist eine Menge Arbeit und erfordert viel Disziplin. Warum also sollte man seine wertvolle Zeit an das schlecht entlohnte Verfassen von Texten verschwenden? Und was hat die Schreiberei mit einem Marketing-Instrument zu tun?

Das Buch als Marketing-Instrument

Sachbücher boomen, denn Wissen wird als eines der wichtigsten Güter des 21. Jahrhunderts gehandelt. Wissen sammeln, Wissen aufbereiten und Wissen weitergeben lauten die Gebote der Stunde. Im Land der Dichter und Denker umweht den Autor generell bis heute ein Hauch von geistiger Größe. Sein Wissen füllt viele Seiten; schwarz auf weiß. Er wird zitiert, man beruft sich auf ihn und lernt von ihm. Seine Bücher wandern in die eigene Handbibliothek und werden weiterempfohlen; seine Gedanken sind Vorreiter, Ratgeber und Wegbegleiter. Ein Buch geschrieben zu haben, wird als Leistung empfunden. Die Reihe der Menschen, die gern veröffentlichen möchten und viel Geld investieren, um ihren Namen auf einem Buchcover zu sehen, ist Legion. „Autor", das steht in einer Reihe mit „Professor" oder „Doktor". Der Mensch kann was. Er hat etwas geleistet. Einen bleibenden Wert geschaffen. Im Sach- und Fachbuch ist er ein Experte auf seinem Gebiet – und wird als ein solcher wahrgenommen und be- aber auch gehandelt. Als Beweis für seinen Expertenstatus reicht zunächst einmal seine Veröffentlichung.

> **z.B.** Sachbuchagent Oliver Gorus *(gorus.de)* präsentiert ein Beispiel von vielen, das die Wechselwirkung zwischen einer klug positionierten Buchveröffentlichung und Kundengewinnung belegt. Einer seiner Autoren ist selbstständiger Unternehmensberater mit internationalem Kundenstamm. Er schrieb das laut Gorus erste deutschsprachige Buch zum Thema Budgeting. Die Presse nahm das Werk positiv auf; bald wurde der Autor häufig in der Wirtschaftspresse zitiert und schließlich als deutscher Top-Experte zum Thema gehandelt. Mit einem zweiten Buch zum gleichen Themenkomplex galt er bald als Experte für den Bereich.
> Die Folge: Der Autor erhielt immer häufiger und immer höher dotiertere Anfragen als Referent oder Berater. Buch und Bekanntheit in der Fachöffentlichkeit hatten seinen Marktwert erhöht.

Das klingt zu schön, um wahr zu sein? Ist es auch. Denn in der Regel entwickelt sich ein Buch über Nacht zum Shootingstar. Thema und Verlag müssen sehr gut gewählt sein; gute Werbung und Positionierung sind das A und O, inhaltlich sollte der Titel auch etwas zu bieten haben, leicht lesbar sollte er sein – und nicht zuletzt muss man einen seriösen Verlag überhaupt erst einmal von seiner Idee überzeugen. Das allein ist eine Kunst für sich.

Autor werden

In Deutschland gibt es jedes Jahr über 80 000 Neuerscheinungen auf dem Buchmarkt. Das ist erschütternd und motivierend zugleich. Autoren, die bereits einen Verlag gefunden haben, fragen sich: Geht mein Buch in dieser Titelflut nicht unter? Autoren aber, die einen Verlag suchen, kann diese Masse an Neuerscheinungen auch anspornen: Wenn so viele Bücher auf den Markt kommen, wäre es dann nicht gelacht, wenn nicht auch meines gute Chancen einer Veröffentlichung hätte?
Jeder, der bereits ein Buch geschrieben hat oder an eben diesem Vorhaben gescheitert ist, weiß: Schreiben ist Arbeit. Und um Schreiben zu können, bedarf es mehr als nur Talent und Disziplin. Schreiben ist ein Handwerk. Ein Handwerk, das erlernt werden muss – und erlernt werden kann. Anders gesagt: Ein Buch schreibt sich nicht „von selbst". Es schreibt sich auch nicht „nebenbei". Es ist ein Projekt, das gut geplant und Schritt für Schritt umgesetzt werden will. Und es erfordert von seinem Autor vor allem dreierlei: Ausdauer, Kritikfähigkeit, und eiserne Disziplin.
Selbstständige und Unternehmer generell kann diese Aussicht vermutlich nicht aus der Ruhe bringen. Sie schulen diese Fähigkeiten Tag für Tag. Damit man als Schreiberling aber auch wirklich bis zum Ende durchhält, muss das Buch selbst ein weiteres Kriterium erfüllen: Es muss den Autor bei der Stange halten. Seine Motivation muss stark genug sein, dass er das Buch nicht nur in Angriff nimmt, sondern auch fertigstellt.

Das Projekt Buch muss einen festen Platz im Leben zugewiesen bekommen. Und dieser Platz muss im eigenen Zeitplan ebenso eisern verteidigt werden wie der Platz für Schlaf oder Nahrungsaufnahme, für Familie oder Hausarbeit, für Hobby und Freunde oder für Fortbildung und Beruf.

Daher müssen Sie gründlich wählen: Was möchten Sie mit Ihrem Buch erreichen? Wo genau möchten Sie sich damit positionieren? Wie genau können Sie das Buch später für sich nutzen? Nur wenn Sie diese Fragen zu Ihrer Zufriedenheit beantwortet haben, Ihr Buch also inhaltlich mindestens so hervorragend positioniert ist, wie Ihr Unternehmen, sollten Sie sich an die Umsetzung wagen.

Das Exposé

Die Verlagsbranche ist zunächst einmal ein Wirtschaftsbetrieb wie jeder andere auch. Ein eingängiges Beispiel kann dies verdeutlichen: Stellen Sie sich vor, Sie möchten ein Haus erwerben. Sie werfen einen Blick in diverse Tageszeitungen und finden dort massenweise Kaufobjekte. Nun haben Sie aber nicht unbegrenzt Zeit, jedes Angebot genau unter die Lupe zu nehmen. Die Frage ist: Welches Haus sollen Sie sich genauer ansehen, welches ziehen Sie in die engere Wahl? Zunächst einmal werden Sie nach den Eckkriterien Ausschau halten: Welches Objekt entspricht grob Ihren Anforderungen in Typ, Baujahr, Ausstattung, Preis und anderem? Sie sortieren aus, und noch immer behalten Sie vierzig Angebote übrig. Welche fünf werden Sie sich ansehen? Vermutlich jene, deren Beschreibung Sie inspiriert, zum Träumen anregt, Lust darauf macht, den Hörer in die Hand zu nehmen und genauer nachzufragen.

Ein Exposé erfüllt einen ähnlichen Zweck. Es soll dem Verlag – konkret: dem Lektor, der in einem Verlag dafür zuständig ist, die eingehenden Exposés zu prüfen – ermöglichen, eine erste Auswahl unter den Unmengen von Zusendungen zu treffen. Wenn Sie also die Chance vergrößern möchten, dass die Wahl des Lektors auf eine genauere Inspizierung gerade Ihres Werkes fällt, sollten Sie die größtmögliche Sorgfalt in die

Erstellung Ihres Exposés, der Visitenkarte Ihres Buches, legen. Jedes Exposé sollte individuell erstellt und auf den Verlag zugeschnitten sein, bei dem es eingereicht wird. Wenn Sie sich selbst für eine Arbeitsstelle bewerben würden, würden Sie schließlich auch nicht auf die Idee verfallen, ein und dieselben Bewerbungsunterlagen lediglich mit geänderter Anschrift an McDonalds, die Deutsche Bank und das Kinderhilfswerk zu versenden. Genauso wie diese Firmen hat auch jeder Verlag ein eigenes Profil, das Sie recherchieren und auf das Sie eingehen sollten. Allerdings ordnet Ihr Exposé Ihr Buch nicht nur für den Lektor. Es ordnet Ihr Buch auch für Sie, für den Schreibenden, selbst.

Exposé erstellen – Step by Step

- *Schritt 1:* Wählen Sie einen möglichst griffigen *Titel* für Ihr Werk, schreiben Sie ihn auf, und setzen Sie darunter den Vermerk „Arbeitstitel".
- *Schritt 2:* Fassen Sie Ihr Werk in wenigen, etwa *einem bis drei Sätzen* zusammen. Orientieren Sie sich an der Aufmachung eines (guten!) Buchrückentextes.
- *Schritt 3:* Was möchte Ihr Buch leisten? Die Antwort auf diese Frage hilft dem Lektor, Ihr Buchprojekt zuzuordnen und den erwarteten Abverkauf einzuschätzen. Zwei Beispiele für den *Anspruch* eines Autors an ein Buch: „Rassekitten von A bis Z": Der Ratgeber für Hobbyzüchter erklärt alles, was man über Katzenbabys von der Geburt bis zum zehnten Lebensmonat wissen muss; „Setzen: Sechs": Der ultimative Ratgeber für Eltern, deren Kinder Schulprobleme haben. Garantierte Notensteigerung um drei ganze Noten binnen der ersten drei Monate, wenn Eltern mit ihrem Kind nach unserem System üben.
- *Schritt 4:* Definieren Sie *Zielgruppe und Genre.* Wer soll Ihre Bücher lesen? Nahezu jede Veröffentlichung hat eine bevorzugte Zielgruppe. Diese orientiert sich meist an dem Genre, in dem das Buch sich thematisch bewegt. Ein Beispiel: „Ratgeber" ist kein Genre. „Wellness-Ratgeber" oder „Reiseführer" sind aber sehr wohl eines. Wenn Sie nun Genre – oder Warengruppe – und Leserkreis kombinieren, erhalten Sie Ihre Zielgruppe. Zum Beispiel: „Wellness-Ratgeber für

Frauen in den besten Jahren". Mögliche Beispiele für Warengruppen sind „Basteln/Kreativ", „Beruf und Bewerbung" oder „EDV". Eventuell hilft Ihnen diese Einordnung auch bei der Frage weiter, ob Ihr Werk gut in eine Reihe oder bereits bestehende Sparte des Programms Ihres Wunschverlages passen könnte. Wenn das Thema von hoher Aktualität ist und ein Erscheinen parallel zu einem bestimmten anderen Event die Verkaufszahlen erhöhen könnte, vermerken Sie dies kurz und knapp zu Beginn Ihres Exposés.

❏ *Schritt 5: Werbung und Absatzchancen* sind neben solidem Inhalt die wichtigsten Kriterien für oder gegen Ihr Buch. Sie sind Wellness-Coach, halten regelmäßig große Vorträge vor Fachpublikum, haben sogar ein Wellness-Blog und möchten jetzt ein Wellness-Buch schreiben? Prima, dann sind Sie der perfekte Multiplikator – und der Verlag sollte unbedingt davon erfahren. Sie können mittels fundierter Studien belegen, dass 4 500 von 5 000 Lesern der Ansicht sind, es gäbe kein vernünftiges Wellness-Buch auf dem Markt, das sich mit Vater-Kind-Kuren beschäftigt, die Sie in den Mittelpunkt Ihres Buches stellen wollen? Machen Sie den Verlag glücklich und erzählen Sie ihm davon.

❏ *Schritt 6: Programmplatzierung.* Passt das Buch in eine bereits bestehende Reihe des Verlags? Unter Umständen: anvisierter Erscheinungstermin und Produktionszeitraum: Wann kann das gesamte Werk nach konkret geäußertem Interesse spätestens geliefert werden?, Grobbestimmung: Seitenumfang à 1 500 Zeichen inklusive Leerzeichen (diese Maßeinheit bei der Angabe auch dazuschreiben), Reihen- oder Einzeltitel? Reihe möglich oder Reihe zwingend?, falls nötig, Anmerkungen zu notwendigen Illustrationen oder sonstigen Beigaben

Tipp Ein guter Link, der Ihnen bei der Positionierung helfen kann, ist die Online-Suchoption der Frankfurter Buchmesse. Geben Sie als Land „Deutschland" ein und wählen Sie die Kategorie, die Sie interessant finden, aus. Das Ergebnis: Eine Übersicht der großen Verlage, die diese Bereiche anbieten.

- *Schritt 7:* Das *Inhaltsverzeichnis* ist der Kern Ihres Buches und taucht auch in Ihrem Exposé auf. Wenige, kurze Sätze unter den Überschriften erzählen, was in dem jeweiligen Kapitel behandelt wird, falls die Überschriften nicht selbsterklärend sind.
- *Schritt 8:* Präsentieren Sie nun eine *Leseprobe* Ihres Textes. Das erste Kapitel bietet sich an. Achten Sie auf den ersten Satz – er ist sehr wichtig für Ihren gesamten Text. Das Buch sollte schnell „Fahrt aufnehmen" und den Leser in seinen Bann schlagen können. Ja, auch im Sach- und Fachbuch. Wichtig: Vermeiden Sie passive Erzählkonstruktionen sowie allzu viele Hauptwörter, lange Schachtelsätze und ein Übermaß an Adjektiven. Dozieren Sie nicht, unterhalten Sie; präsentieren Sie nicht nur, sondern lassen Sie den Leser mitdenken.
- *Schritt 9:* Nun erzählen Sie in kurzen Worten *etwas über sich*. Es ist zum Beispiel im Falle eines Steuer-Ratgebers uninteressant, wann Sie Abitur gemacht haben, dass Sie einen Aufbaustudiengang zum Astrophysiker absolviert haben, ob Sie geschieden sind oder gern Inline-Skates fahren. Interessant aber wäre zum Beispiel, dass Sie vor Ihrem BWL-Studium Steuerfachgehilfe gelernt haben und seit vielen Jahren Workshops zum Buchthema anbieten. Wenn vorhanden, fügen Sie Ihre Veröffentlichungsliste bei. Ist diese sehr lang, wählen Sie für das Projekt sinnvolle Veröffentlichungen aus. Beispiel: Nicht sinnvoll wäre ein Buch über „Kartoffelsoßen, leicht gemacht", sinnvoll wäre ein Ratgeber für die Elternzeit, weil Sie in diesem Fall schon einmal bewiesen haben, dass Sie die „Ratgeberschreibe" beherrschen.
- *Schritt 10:* Ihre vollständigen *Kontaktdaten* gehören auf jede Seite des Exposés, ebenso wie die Seitennummerierung

Das Konzept

Kreativität ist nur die Variable bei der Schreiberei, die Basis aber sind Struktur und ein klares Ziel. Ein gutes Buch braucht ein Skript. Was soll in jedem einzelnen Kapitel erreicht werden? Wo liegen – auch bei Sach- und Fachbuch oder Ratgeber – die Höhepunkte? Was genau will man vermitteln? Wie bereitet man auf, was man vermitteln möchte, wie ist der didaktische Ansatz? Wobei soll das Buch welchen Lesern helfen? Kurz gesagt: Die entscheidende Frage bei einem Sachbuch ist der Nutzwert: Was bringt es dem Leser?

Die vier W-Fragen

Auf den ersten Blick muss für den Lektor und später auch für den Leser Folgendes ersichtlich sein:

- An wen richtet sich dieses Buch? An Fachleser, an Laien? Brauche ich Vorkenntnisse? Kann jeder das Buch verstehen?
- Was lerne ich in diesem Buch? Warum sollte ich es lesen?
- Warum ist ausgerechnet dieser Autor befähigt, dieses Thema zu behandeln? Anders gefragt: Weshalb sollte ich ihm glauben, ihm vertrauen – und deshalb das Buch kaufen?
- Was ist wirklich innovativ und neu an diesem Buch?

Ohne ein Konzept, werden Sie Ihr Buch nicht gut schreiben können. Und in keinem Fall werden Sie ein Buch ohne Konzept „an den Markt" bringen. Der Kern Ihres Konzeptes ist das Inhaltsverzeichnis. Anhand dessen kann der Lektor bereits im Vorfeld intervenieren, wenn ein Aspekt seiner Ansicht nach zu kurz kommt, ganz fehlt, oder der Schwerpunkt aus Sicht des Verlages ein anderer sein sollte.

Die Struktur des Buches

Anregungen für eine gute Struktur und den guten Aufbau eines Inhaltsverzeichnisses holen Sie sich am besten, indem Sie an Ihren Bücherschrank gehen und Ihre drei liebsten Sach- und Fachbücher hervorholen.
Schlagen Sie die Inhaltsverzeichnisse auf, blättern Sie noch einmal durch die Seiten, und beantworten Sie in Stichpunkten die folgenden Fragen:

❏ Was hat Ihnen an der Aufbereitung besonders gut gefallen? Infoboxen, Praxistipps, O-Töne?
❏ Was hat Ihnen an der Struktur besonders gut gefallen?
❏ Was hat Ihnen am Schreibstil besonders gut gefallen?

Nun greifen Sie nach drei Büchern, die Sie vom Thema her eigentlich interessieren, die Sie aber nie zu Ende gelesen haben.

❏ Was hat Sie gestört? Was Ihren Lesefluss behindert? Was hat Ihnen gefehlt? An welcher Stelle haben Sie die Lektüre abgebrochen und warum?

Mit Ihren Stichpunkten haben Sie eine gute Liste, nach der Sie sich bei der Konzeption Ihres eigenen Titels richten können.

In jedem Fall gehört zu einem guten Sachbuch ein guter *Index*. Der Index sollte alle wichtigen Schlagwörter der in Ihrem Buch behandelten Themen enthalten. Vergessen Sie dabei auch nicht, Ihre Kapitelüberschriften so zu verschlagworten, dass sie über den Index gefunden werden können.

Ihr Leser erwartet von Ihrem Sachbuch übersichtlich aufbereitete, leicht verständliche und schnell umsetzbare Informationen. Er wird Ihr Buch im besten Fall immer wieder als Nachschlagewerk bei wichtigen Fragen nutzen. Machen Sie es ihm dabei so leicht wie nur irgend möglich.

 Vielen Autoren hilft es, bei der Strukturierung mit Karteikarten zu arbeiten. Sie schreiben darauf alle wichtigen Aspekte, ergänzen und verwerfen und schieben diese Karten so lange hin und her, bis ihnen das Gesamtwerk stimmig erscheint. Wichtige Aspekte oder Themen kommen etwa auf rote Karten, Unterthemen auf grüne Karten, und Tipps auf gelbe Karten. Als zukünftiger Autor sollten Sie sich folgende Fragen stellen: Welches Thema gehört an den Anfang, welches Thema ist eher ein Unterthema eines anderen und wie ordne ich die Informationen, die ich vermitteln möchte, am sinnvollsten und verständlichsten an?

Außerdem können Sie Methoden oder Gimmicks sammeln, die Sie im Buch unterbringen möchten, und diese einzelnen Abschnitten Ihrer Kapitelstruktur zuordnen: Test, Checkliste, Beispiel aus der Praxis, O-Ton ...

Zudem gibt es Programme, die bei der Strukturierung helfen können, etwa den MindManager, der auf der Website von *mindjet.com* auch in kostenloser Testversion zu haben ist.

Ein *Glossar* hingegen benötigen Sie nicht. Sachbuch-Autorin und Fachjournalistin Annette Bopp *(annettebopp.de)* bringt es in Ihrem Buchbeitrag „Fachwissen für ein breites Publikum: Sachbuch und Fachtext" (in: Ackstaller, Evers, Hacke: *Treffpunkt Text. Das Handbuch für Freie in Medienberufen*. Frankfurt 2006) auf den Punkt:

„Viele Sachbücher haben am Schluss ein Glossar, in dem Fremdwörter und Fachbegriffe erklärt werden. Das ist eine alte Unsitte – es ist mühsam und reißt aus dem Lesefluss, jeden Fachbegriff extra nachzuschlagen. Ein gutes Sachbuch hat kein Glossar nötig, weil es so verständlich geschrieben ist, dass sämtliche Fachbegriffe im Lauftext deutlich werden. Am besten ist es, die Erklärung in einfacher Sprache zu schreiben und den Fachbegriff dahinter in Klammern. Beispiele: eine Bauchspiegelung (Laparoskopie), das Aufnahmegespräch des Arztes (Anamnese). Damit erübrigt sich das Glossar."

Drei wichtige Leitsätze:

- Sie stehen nicht über Ihrem Leser, sondern neben ihm.
- Dozieren Sie nicht; erklären Sie.
- Erzählen Sie nicht, was Sie erzählen möchten, sondern was Ihr Leser lesen will.

Schreibstil: Informativ und mit leichter Hand

Ein gutes Sachbuch liest sich wie ein guter Roman: leicht, eingängig, gut verständlich – und es macht Freude, es zu lesen. Überladen Sie also den Einstieg nicht. Folgen Sie dem Pyramiden-Prinzip; d.h. die Informationen bauen aufeinander auf. „Pressen" Sie nicht zu viele Fakten in einen Satz. Erklären Sie Schritt für Schritt. Langweilen Sie den Leser nicht mit einer Endloskette von Sachinformationen; beleben Sie den Text mit zielgerichteten Beispielen. Variieren Sie die Satzlänge, wobei die Anzahl der kurzen Sätze überwiegen sollte. Absätze lockern den Text auf und dürfen nicht zu lang sein, dann werden sie als Bleiwüsten wahrgenommen und schrecken ab. Vermeiden Sie alles Überflüssige, Ausschweifende, das vom Kern Ihrer Aussage ablenkt.

Die Darstellung – insbesondere im Ratgeber, in Teilen im Sachbuch und sogar im Fachbuch – kann individuelle Züge tragen, einen besonderen Schreibstil zeigen und subjektive, klar als solche erkennbare Meinungen äußern. Aber grundsätzlich muss ein Sachbuch sich an Fakten halten und Wissen vermitteln.

 Als Sachbuchautor geben Sie Menschen einen Rat, den diese mit großer Wahrscheinlichkeit auch befolgen werden. Wenn Sie also etwas Falsches ungeprüft weitergeben, kann das für Ihre Leser großen Schaden nach sich ziehen. Sach-, Fach- und Schulbuchautoren sollten sich der Verantwortung, die sie tragen, bei jedem Satz, den sie schreiben, deutlich bewusst sein. Solides Halbwissen mag die Idee zu einem Sachbuch gebären; für das Schreiben desselben aber reicht es nicht aus. Hier bedarf es Recherche, Recherche und noch einmal Recherche – so lange, bis Sie sich als Autor nach bestmöglichem Wissen und Gewissen sicher sind, mit den Ratschlägen, die Sie erteilen, keinen Schaden anzurichten. Wer sich einer Sache nicht hundertprozentig gewiss ist, sollte entsprechend vorsichtig formulieren: es mag sein, dass …; es heißt, dass …; es wäre demnach möglich, dass … ; laut einer Studie von XYZ liegt die Vermutung nahe, dass …

Bei der Recherche behilflich sein können Ihnen im Internet etwa das Netzwerk Recherche *(netzwerkrecherche.de)*; die umfangreiche, nach Rubriken sortierte Textsammlung für Journalisten unter *pressetext.de* – zum Lesen ist eine kostenlose Registrierung erforderlich; Claudine Trabers hervorragende Übersicht über das Recherchieren im Internet inklusive jeder Menge Links und Tipps *(ssm-site.ch/maz/inhalt.html)* oder natürlich Statistiken des Statistischen Bundesamtes *(destatis.de)*, die man allerdings richtig und nutzbringend aufbereiten können sollte.

Anwendbarkeit und Anschaulichkeit

Wie lassen sich die Informationen in Ihrem Buch am besten transportieren? Wie möchten Sie Ihr Buch auflockern? Ein Fach-, Sach- oder Schulbuch, aber auch ein Ratgeber vermittelt Wissen. Es gibt eine eigene Disziplin, die sich mit der Vermittlung von Wissen beschäftigt: die Didaktik. Selbstverständlich kann man mündliche Wissensvermittlung nicht eins zu eins auf schriftliche Wissensvermittlung übertragen, aber einige Grundregeln haben dennoch für beide Bereiche Gültigkeit:

- ❏ Ersetzen Sie Abstrakta durch Beispiele aus der Praxis.
- ❏ Ersetzen Sie Scheu durch Faszination. Wie können Sie dem Leser den Einstieg erleichtern, damit er die Angst vor der „trockenen" Materie verliert?
- ❏ Lassen Sie den Leser mitdenken. Geben Sie nicht gleich Antworten, stellen Sie auch Fragen.
- ❏ Schaffen Sie immer wieder Lesemotivationen. Was der „Cliffhanger" des Romans, ist die Motivation des Sachbuchs. Ein Kapitel sollte nicht enden, ohne bereits auf das nächste neugierig gemacht zu haben.
- ❏ Überraschen Sie Ihren Leser und bringen Sie ihn zum Schmunzeln!
- ❏ Seien Sie immer ehrlich. Der Leser merkt, ob Sie Floskeln schreiben oder nicht.
- ❏ Wechseln Sie die Methodik. Nutzen Sie auflockernde Elemente, Hier können Sie auf eine ganze Heerschar von Möglichkeiten zu-

rückgreifen: Tipp-Boxen, Beispiel-Boxen, Maskottchen, Fotografien, Checklisten, Tabellen, Grafiken, Randglossen, gegebenenfalls Anleitungen.

Darüber hinaus sind auf das Sachbuch-Schreiben die meisten Regeln des journalistischen Schreibens eins zu eins anwendbar.

BoD und E-Book

Selbstverständlich müssen Sie nicht über einen Verlag verlegen und können die Sache auch selbst in die Hand nehmen, etwa via Book on Demand (BoD) oder *lulu.com*. Bei Xlibri etwa finden Sie hierzu auch einen Preiskalkulator *(books-on-demand-selbstverlag.de/home/formular.php)*. Der Nachteil: Sie müssen sich selbst um Vertrieb und Werbung kümmern, und das ist eine ganze Menge Arbeit. Außerdem liest vermutlich kein Lektor Ihr Buch kritisch gegen und auch sonst fehlen Ihnen ohne Verlag Korrektiv und Rat eines Partners, der den Buchmarkt gut kennt. Der Vorteil: Sie sparen sich langes Gesuche und müssen außerdem Ihre Gewinne nicht teilen. Der wirklich große Nachteil: BoD- und Selbstverlagslösungen hängt zumeist noch der Makel an, dass der Autor sein Buch offenbar nicht in einem „richtigen" Verlag hat unterbringen können. Die Akzeptanz dafür ist auf dem Lesermarkt (noch?) nicht vorhanden. Für einige Themen kann es sinnvoll sein, sie als E-Book zu produzieren und auf seiner Homepage zum Verkauf anzubieten. Anbieter wie *ebookmedia.de* bieten hier ihre Unterstützung an.

Mehr zum Thema

❏ Oliver Gorus, Jörg A. Zöll: *Erfolgreich als Sachbuchautor. Gekonnt publizieren – von der Buchidee bis zur Vermarktung.* Offenbach 2006
❏ Michael Haller: *Recherchieren.* Konstanz 2004
❏ William Zinsser: *Nonfiction schreiben – Reisebericht, Biografie, Kritik, Business, Fach- und Sachbuch,* Wissenschaft und Technik. Berlin 2007

Artikel-Veröffentlichungen on- und offline

Vieles, das man zu diesem Thema sagen kann, findet sich bereits im vorherigen Kapitel rund um die Buchveröffentlichung. Auch für das Schreiben von Artikeln gilt, dass man sich damit hervorragend als Experte positionieren kann. Der Vorteil: Artikel schreiben sich ungleich schneller als Bücher. Der Nachteil: Zeitschriften und Magazine haben nur eine kurze Lebensdauer. Die Alternative: Online-Artikel bleiben lange Zeit abrufbar und können im Idealfall sogar noch auf Ihre Internetpräsenz verweisen. Eine Veröffentlichung bei „Spiegel Online" etwa bringt Ihnen – gesetzt den Fall, Ihre Zielgruppe nutzt das Internet – mittlerweile ein nahezu vergleichbares Renommee wie eine Veröffentlichung im gleichnamigen Print-Magazin. Auf der anderen Seite können Print-Artikel natürlich dennoch in vielen Bereichen eine gute Wahl sein – je nach Zielgruppe etwa in kostenlosen Wurfmagazinen mit breiter regionaler Verbreitung oder stark spezialisierten Fachzeitschriften etc. Und so lange man Sie nicht in einen sogenannten Buy-Out-Vertrag zwingt (Der Verlag behält alle Rechte an Ihrem Text, Sie bekommen nichts – zwar jederzeit erfolgreich einklagbar, aber dennoch keine gute Sache), können Sie einen Text auch problemlos off- und dann noch einmal online verwenden.

Die Positionierung

Bei der Positionierung von Artikeln verfahren Sie genauso wie bei Ihrem potenziellen Buchprojekt im Kapitel Buchveröffentlichungen: Veröffentlichungsmöglichkeiten sichten und vergleichen, richtiges Projekt mit passender Zielgruppe für die eigenen Bedürfnisse suchen, Ansprechpartner ermitteln – sie sind in der Regel auf der Online-Präsenz auch von Magazinverlagen zu finden –, Exposé schreiben – und schon ist Ihre kleine Bewerbung eingesandt. Gerade in Fachzeitschriften freut man sich über Expertenbeiträge und ist an Autoren, die im Schreiben nicht die allergrößten Leuchten sind, durchaus gewöhnt. Dennoch nimmt man die professionellen Schreiber natürlich deutlich lieber.

Wer keine journalistische Erfahrung hat, sollte mit einem freien Journalisten zusammenarbeiten. Achten Sie bei der Auftragsvergabe auf den Unterschied zwischen On- und Offline-Journalisten. Manche beherrschen beide Formen. Sie aber sollten wissen, dass On- und Offline-Texte in Aufbau und Tonalität ungefähr so viel miteinander gemein haben wie ein Opel Zafira und ein Smart.

Auch das Schlagwort „Corporate Publishing" (Unternehmenspublikationen) könnte für Sie von Interesse sein, kann aber aus Platzgründen hier nur im weiterführenden Kasten am Ende des Kapitels berücksichtigt werden.
Einmal mehr lassen wir Fachjournalistin Annette Bopp zu Wort kommen, die (in Ackstaller, Evers, Hacke: Treffpunkt Text. Das Handbuch für Freie in Medienberufen, Frankfurt am Main) skizziert, was ein Artikelexposé beinhalten sollte, um innerhalb einer Redaktion Chancen zu haben, angenommen zu werden:

- ❏ „Ist das Thema noch nie oder sehr selten und schon längere Zeit gar nicht mehr in den Medien bearbeitet worden? Exklusivität steht bei Fachredaktionen hoch im Kurs.
- ❏ Gibt es einen aktuellen Bezug? Jede Geschichte braucht einen Aufhänger.
- ❏ Welche Aspekte sollen im Mittelpunkt stehen?
- ❏ Wie ausführlich soll der Text werden?
- ❏ Warum soll gerade diese Zeitung/Zeitschrift dieses Thema ausgerechnet jetzt bringen?
- ❏ Über welche besonders guten Kontakte verfügt der Autor, um das Thema optimal zu bearbeiten?
- ❏ Wenn es sich um eine Zeitschrift oder ein Magazin handelt: Welche Möglichkeiten zur Illustrierung gibt es durch Fotos, Grafiken oder Illustrationen?

All diese Aspekte werden so kurz und knapp wie möglich, aber so ausführlich wie nötig in einem Exposé zusammengefasst. Dieses sollte möglichst nicht länger als eine Din-A4-Seite sein. Ganz wichtig auch hier: die eigenen Kontaktdaten nicht vergessen."

Schreiben im Netz

Die Positionierung von Artikeln ist bei sehr renommierten Magazinen ähnlich aufwendig wie das Positionieren eines Buchtitels – und es erfordert Zeit, Arbeit und Nerven. Ein Blog (siehe Seite 109) kann hier eine Alternative sein, mit der man ohne Akquise online publizieren kann. Generell sind Online-Portale (Qualität und inhaltlichen Mehrwert vorausgesetzt) eher bereit, Artikel anzunehmen. Der Grund ist einleuchtend: Der Platz auf einem Portal ist – im Gegensatz zum Magazin – nicht begrenzt. Online-Portale mit einer hohen Zugriffsquote und einer besonders guten Präsentationsmöglichkeit für die Autoren selbst sind für Publikationen im Netz besonders lohnend (etwa *akademie.de*).

Mehr zum Thema

- Rene J. Cappon, Kerstin Winter: Associated *Press-Handbuch. Journalistisches Schreiben*. Berlin 2005
- Stefan Gottschling: *Einfach besser texten*. Offenbach 2006
- Andreas Grede: *Texten für das Web. Erfolgreich werben, erfolgreich verkaufen*. München 2003
- *zeitschrift-abc.de:* Übersicht und Internetportal zu Fachzeitschriften und -zeitungen, gegliedert nach Fachbereichen etc.
- *onlinejournalismus.de:* Das Blog von Online-Journalist Fiete Stegers und Team
- *forum-corporate-publishing.de,* Website der gleichnamigen Interessensgemeinschaft inklusive Newsletter zum Thema
- *heichlingers.com,* Website der gleichnamigen Fachzeitschrift zum Thema Corporate Publishing

Das Weblog

In dem Buch *Blog-Marketing* von Jeremy Wright gibt es eine sehr schöne Zwischenüberschrift: *Wer Blogs unterschätzt, hat schon verloren.* Wir ergänzen: *Wer kein Blog schreibt, verschenkt eines der wichtigsten Marketing-Instrumente.*

Was ist ein Weblog?

Ein Weblog – „Web" und „Log"(-buch) –, heute oft verkürzt *Blog* genannt, ist ein interaktives Online-Journal. Die veröffentlichten Texte erscheinen darin in umgekehrter chronologischer Reihenfolge, die jeweils aktuellsten also ganz oben auf der Webseite.
Inhaltlich bildet ein Blog eine Mischung aus Informationen und persönlicher Meinung des Autors, des *Bloggers*. Stilistisch reicht das Spektrum in den Blogs von ausgezeichnetem journalistischen Stil bis zum hingehuschten Telegrammstil.
Bei der Analyse der Breitenwirkung eines Blogs sollte keinesfalls nur von der Anzahl der Leser dieses einen Exemplars ausgegangen werden. Durch die starke Vernetzung der Blogger untereinander kann eine Nachricht unglaublich schnell und weltweit unendlich viele Leser erreichen – viel mehr als nur die des Blogs, das die Nachricht ursprünglich veröffentlichte.

Der Nutzen von Weblogs

Zwar sind Aufzucht und Pflege eines Weblogs sehr zeitintensiv, dafür bietet dieses Marketing-Instrument aber auch vielfältigen Nutzen, um Ihrem Unternehmen Zugkraft zu verleihen:

Sie können

- sich als Experte im Internet positionieren.
- Ihre (potenziellen) Kunden durch gute Blog Inhalte von Ihrer Kompetenz überzeugen und so direkt Aufträge generieren.

- sich phantastisch mit anderen Business-Bloggern vernetzen.
- mit Ihrem Blog besser in Suchmaschinen gefunden werden. Da Blogs oft aktualisiert werden, werden sie in den Google-Platzierungen meistens sehr weit oben geführt. Außerdem hat jeder Ihrer Blog-Artikel eine eigene URL, sodass Artikel Ihres Blogs mittels vieler verschiedener Suchanfragen gefunden werden.
- über Ihr Blog Besucher auf Ihre Unternehmenswebsite locken, indem Sie vom Weblog aus einen prominent platzierten Link zur Firmensite setzen.
- ohne großen technischen Aufwand und ohne Programmierkenntnisse Inhalte online stellen.
- mit den Lesern Ihres Blogs über die Kommentarfunktion in Dialog treten und so wertvolles Feedback erhalten.
- für Empfehlungen sorgen, indem Sie geschickt und nicht zu werblich auch über Ihre Leistungen und Produkte bloggen. Diese Anregungen und Ideen werden von anderen aufgegriffen und andernorts im Internet empfohlen.

Abgrenzung zu anderen Medien

Blogs sind ein eigenständiges Medium, das sich von allen anderen Kommunikationsmitteln unterscheidet. Trotz ihres oft hohen und aktuellen Informationsgehalts gibt es drei wichtige Unterschiede zu klassischen *Printmedien* wie Zeitschriften, Zeitungen aber auch Online-Journalen:

- Klassische Printmedien sind ein einseitiger Kommunikationskanal, in Blogs findet durch die Kommentarfunktion ein Dialog mit den Lesern statt.
- Ein Blog und seine Außenwirkung sind nie isoliert zu betrachten. Durch die Vernetzung in der *Blogosphere* verbreiten sich interessante Nachrichten oft viel schneller und nachhaltiger über den gesamten Globus als durch jedes andere Medium.
- Der Ton in Blogs ist persönlicher als in den klassischen Medien.

Eines der wichtigsten Unterscheidungsmerkmale zu normalen *Websites* besteht in der Kommentarfunktion der Blogs. Die Blog-Leser können zu jedem Beitrag ihre Meinung schreiben, Fragen stellen, Ergänzungen hinzufügen, Kritik äußern. Auf einer Website werden Informationen einseitig vom Unternehmen präsentiert, zwischen Blogger und Lesern findet dagegen ein Dialog statt. Blogs sind außerdem durch Links zu anderen Online-Präsenzen und Rücklinks (Trackbacks) sehr gut für Community-Bildung und starke Vernetzung geeignet.

Wenn es um die Auffindbarkeit einer Internetpräsenz durch die Suchmaschinen geht, hat ein Blog einen großen Vorteil: Jeder Blogeintrag hat seine eigene Internet-Adresse, den Permalink. Das bedeutet, dass jeder einzelne Artikel beispielsweise bei Google gelistet wird, nicht nur einmal die gesamte Website.

Wer themenorientiert eine Web-Präsenz nach relevanten Informationen durchforstet, tut sich damit bei Blogs durch die Kategorisierungsmöglichkeiten – z. B. über *Tags* – bei Blogs leichter als bei einer klassischen Website. Außerdem können interessierte Leser die Blog-Artikel als RSS (Really Simple Syndication) *Feed per Feedreader* abonnieren und werden so automatisch über jeden neuen Eintrag informiert, ohne jedes Mal das Blog direkt ansurfen zu müssen.

Gegenüber „normalen" Web-Präsenzen gibt es auch wirtschaftliche Vorteile. Weil ein Blog technisch recht einfach zu installieren ist, später kaum gewartet werden muss und die Inhalte auch von Laien eingepflegt werden können, sind sie eine schnelle und kostengünstige Online-Publishing-Lösung.

Marektingberater Andy Lark hat in dem Buch *Blog-Marketing* die traditionelle Unternehmens- und Marketingwelt der der Blogosphere schlagwortartig gegenübergestellt. Die Gesamtheit dieses Vergleichs macht die Unterschiede sehr gut fühlbar:

Website	**Blogosphere**
organisiert	*chaotisch*
kalkulierbar	*unkalkulierbar*
klar und übersichtlich	*offen, amorph*

umfassend, doch oberflächlich	unauslotbar tief
breit	Nischencharakter
langsam: Webzeit	schnell: Blog- oder Echtzeit
kalt	warm
monologisch	dialogisch
Ort	Gemeinschaft
anonym	persönlich
Unternehmen	Menschen
Inhalt	Ausdruck
cookielastig	individuell
geschlossen	partizipativ
unpersönlich	sensibel und menschlich

Traditionelle Website versus Blogosphere

Der wesentliche Unterschied zwischen Blogs und *Internet-Foren* besteht darin, dass in Blogs immer der- oder dieselben Autor(en) schreiben, die interaktiven Möglichkeiten durch die Blog-Leser hauptsächlich reaktiv genutzt werden. Die Rolle des Blog-Autors ist also eine wesentlich dominantere als die von Foren-Schreibern. Diskussionen der Blog-Leser untereinander bilden eher die Ausnahme.

Blog-Monitoring: mit Kanonen auf Spatzen geschossen?

Noch werden Blogs zumindest in Deutschland von vielen als Nischenmedium betrachtet, dem man als Unternehmer keine Aufmerksamkeit zu widmen braucht. Zwar wird in Blogs auch über Unternehmen, Marken und Produkte geschrieben, aber kaum jemand vermutet, dass diese Meldungen Image oder gar Umsatz eines Unternehmens schaden können. Also kümmern sich viele Unternehmen auch nicht besonders darum, die Blogosphere auf Verlautbarungen über ihr sie, ihre Marken oder ihr Unternehmen hin zu beobachten. Welche Fehler diese Unterschätzung sein kann, mag folgendes Beispiel belegen:

z.B. Im September 2004 wandte sich ein Kunde an Kryptonite, einen amerikanischen Hersteller hochwertiger Fahrradschlösser: Man könne die Schlösser problemlos mit einem Kuli knacken. Kryptonite reagierte nicht. Der enttäuschte Kunde veröffentlichte nun seine Entdeckung in einem Fahrradforum. Kryptonite reagierte wieder nicht oder nur mit Ausflüchten. Zahlreiche Forenmitglieder und Blogger griffen den Fall auf. Ein Aufschrei der Empörung ging durch das Netz und fügte dem Unternehmen deutlich mehr als nur einen Imageschaden zu: Kryptonite – Jahresumsatz etwa 25 Millionen Dollar – musste durch den Druck der Öffentlichkeit eine Rückrufaktion starten und die Schlösser austauschen. Kosten der Aktion: etwa zehn Millionen Dollar. Das ist eine Summe, die sicher nicht aus der Portokasse gezahlt werden konnte.

Welche Fehler hat Kryptonite gemacht? Das Unternehmen hat seine Kunden nicht ernst genommen und vor allem nicht schnell genug reagiert. Hätte in diesem Fall Kryptonite aufmerksam die Blogosphere nach Meldungen über das Unternehmens gescannt, hätten sicher schneller die Alarmglocken geläutet und man hätte effizientes Krisenmanagement betreiben können.

Es ist heute sehr einfach, Internet und die Blogosphere sehr zeitnah nach Meldungen mit bestimmten Schlüsselwörtern zu durchsuchen. Sie sollten also Online-Veröffentlichungen aller Art im Auge behalten, in denen der Name Ihres Unternehmens, Ihr eigener Name, der Ihrer Produkte oder Marken vorkommen.

Tipp Blog-Monitoring leicht gemacht

❏ Lassen Sie sich Google-Alerts mit entsprechenden Schlüsselwörtern zuschicken, die Sie gratis unter *google.com/alerts/* einrichten und verwalten können. Dann erhalten Sie per E-Mail Links zu allen Beiträgen im Web und in den Google News – auch viele Blogs wurden in die Google News aufgenommen, die aktuell mit Ihren Schlüsselwörtern erschienen sind.

❏ Scannen Sie die wichtigsten Blogs Ihrer Branche, Ihres Mitbewerbs, der für Sie relevanten Themen mit einem Feedreader, mit dem Sie die RSS-Feeds der jeweiligen Blogs abonnieren und lesen können.
Beispiele webbasierter Feedreader: *bloglines.com, google.de/reader, klipfolio.de, netvibes.com, technorati.com*
Beispiele von Feedreader-Software: *newsbee.de, lyznews.de, feedreader.com, feedowl.de*

❏ Abonnieren Sie z. B. mit der Google-Blog-Suche (*google.de/blogsearch?hl=de*) alle Feeds zu bestimmten Schlüsselwörtern, die Sie auswählen können. Wenn Sie z. B. Bloglines als Feedreader nutzen, ist das sehr einfach: Google-Blogsuche → Suchbegriff eingeben → Auf der Ergebnisseite „RSS" anklicken und das Verzeichnis in Ihrem Reader auswählen, in dem Sie die Fundstellen angezeigt bekommen möchten. So entgeht Ihnen nahezu kein Blogbeitrag, in dem z. B. der Name Ihres Unternehmens vorkommt und Sie können alle relevanten Beiträge mit einem Klick aus Ihrem Feedreader aufrufen.

Verschiedene Arten von Business-Blogs

So viele Autoren es gibt, die über Weblogs schreiben, so viele unterschiedliche Kategorisierungen existieren auch. Besonders wichtig unter den Business-Blogs erscheinen uns die Folgenden:

CEO- und Mitarbeiter-Blogs

Hier bloggen Mitarbeiter eines Unternehmens. Bloggt der Chef, spricht man vom *CEO-Blog*, bloggen Mitarbeiter, heißt das *Mitarbeiter-Blog* und wenn mehrere Mitarbeiter das Blog schreiben, ist es ein *Corporate Blog*. Zwar zeichnet jeder Blogger selbst für seine Beiträge verantwortlich, aber die Öffentlichkeit verbindet mit dem Blog natürlich dennoch das Unternehmen, die Marke.

Sowohl CEO- als auch Mitarbeiter-Blogs gibt es in der öffentlichen als auch in der unternehmensinternen Variante, die dann nur über das Firmen-Intranet verbreitet wird. Gebloggt wird über Überlegungen zum eigenen Unternehmen oder zu branchenrelevanten Themen, man erzählt Anekdoten aus dem Geschäftsalltag, übt Kritik oder spricht andere, auch brisante Themen an.

Die Leser erwarten – natürlich vor allem vom CEO – Kompetenz, Glaubwürdigkeit und Persönlichkeit – kurz: Authentizität. Kritische Äußerungen dem eigenen Unternehmen gegenüber werden toleriert und sind erwünscht, die daraus resultierenden Diskussionen können durchaus fruchtbar sein.

Beispiele für CEO-Blogs sind: Ralf Däinghaus (Doc Morris): *docmorris-blog.de*; Charles Fränkl (AOL): *charles-blog.com*; Jonathan Schwartz (Sun): *http://blogs.sun.com/roller/page/jonathan*

Als Negativbeispiel eines CEO-Blogs führte Peter Wolff [3] noch 2006 das Blog von Donald Trump: *trumpuniversity.com/blog/index.cfm* an, weil es „dort kaum persönliche Stellungnahmen von ihm gibt, er eine schlechte Aktualisierungsfrequenz und keine Dialogmöglichkeiten bietet". Auch dort hat man gelernt. Inzwischen gibt es viel Meinung vom CEO selbst, täglich neue Beiträge und eine Kommentarfunktion, die recht rege genutzt wird.

Beispiele für Mitarbeiter-Blogs sind: Dresdner Bank (Intranet), Edelight-Blog: *http://blog.edelight.de/*, BASF Blog: *http://blog.rheinneckar-web.de/*

Marken- oder Produkt-Blogs

In den Marken- und Produktblogs geht es nicht um das gesamte Unternehmen und die Branche, sondern um die Marken und Produkte des Hauses.

Zu dieser Kategorie zählt man auch die *Customer-Relationship-Blogs*, die zur Schaffung einer an die Marke gebundenen Community genutzt werden.

Von allen Blog-Kategorien ist diese die der klassischen Werbung am nächsten Stehende.

Beispiele für Marken- und Produkt-Blogs sind: Espresso International: *espresso-kaffee-blog.de*, Skype Produktblog: englisch: *skypejournal.com/* deutsch: *http://share.skype.com/sites/de/*, Sevenload: *http://blog.sevenload.de/*

Beispiele für Customer-Relationship-Blogs sind: Saftblog der Kelterei Walther: *saftblog.de*, Frosta-Blog: *blog-frosta.de*, TeNoBlog: *teno-blog.de*

Themen-Blogs

Mit Themen-Blogs können Menschen und Unternehmen sich als Experte zu relevanten Bereichen positionieren – indem etwa eine Werbeagentur über Themen aus Werbung und Marketing bloggt oder ein Jurist zu rechtlichen Fragen. Besonders für Berater und Kleinunternehmer bieten sich Themen-Blogs an, um ihre Kompetenz zu beweisen und ihre Reputation zu fördern.

Beispiele für Themen-Blogs sind: Blog über Wein – The drinktank: *http://drinktank.blogg.de*, Werbeblogger: *werbeblogger.de*, Dr. Web-Weblog: *drweb.de/weblog*, Lawblog: *lawblog.de*

Kampagnen- und Krisen-Blogs

Kampagnen-Blogs und Krisen-Blogs sind temporär angelegt. Kampagnen-Blogs sollen eine PR- oder Werbekampagne unterstützen oder werden im Vorfeld eines Events geführt, sollen etwa Themen besetzen, Aufmerksamkeit schon vor der Markteinführung wecken oder einen Event bewerben. Außerdem werden sie zunehmend zur Motivierung der Wahlkämpfer und zum Stimmenfang bei den Wählern eingesetzt.

Spezielle *Krisen-Blogs* dienen der schnellen Reaktion auf Unternehmenskrisen, die etwa durch Störfälle oder Produktmängel ausgelöst werden. Dummerweise werden sie meist erst ins Leben gerufen, wenn die Krise im Unternehmen schon da ist. Wer aber zu dem Zeitpunkt ein Blog aufbauen will, hat in der Regel schon verloren.

Beispiele für Kampagnen- und Krisen-Blogs sind: Frankfurter Buchmesse: *buchmesse.de/de/wordpress/*, Schlämmer-Blog: Hape Kerkelings Riesenerfolgs-Blog für VW-Golf (nicht mehr online), Dell: *direct2dell.com*

Service-Blogs

Mit Service-Blogs soll Kunden zusätzliche Informationen zu Produkten gegeben und es ihnen ermöglicht werden, Verbesserungsvorschläge zu machen.
Beispiele für Service-Blogs sind: Macromedia: *http://weblogs.macromedia.com/mxna*, Lycos: *http://blog.iq.lycos.de*

Unternehmensinterne Blogs

Für größere Unternehmen können firmeninterne Blogs von großem Nutzen sein, um als Erfahrungsspeicher der Organisation zu fungieren (Knowledge-Blogs). Jeder kann Informationen einstellen und leicht auffindbar abrufen. Die Kommunikationsschnittstellen im Unternehmen werden reduziert und Projekte sind leichter zu managen. Außerdem fungieren kompetente Beiträge in diesen Blogs als Filter, um besonders innovative, kreative oder engagierte Mitarbeiter aufzuspüren und Ideen gemeinsam weiter entwickeln zu lassen.

Ein Blog pflegen

Überlegen Sie sich, welche Nutzen Ihr Blog für Ihr Unternehmen haben soll, und entscheiden Sie erst dann, welche Art von Blog Sie führen wollen. Lassen Sie sich ein Blog aufsetzen oder nutzen Sie einen der vielen Blog-Hosting-Dienste. Zu diesen technischen Aspekten finden Sie ausführliche Informationen in den Literaturtipps am Ende dieses Kapitels. Sowie Ihr Blog online ist, fangen Sie an, es mit Inhalt zu füllen. Sofort. Besser noch: Bevor Sie die Existenz Ihres Blogs kommunizieren, sollten Sie schon fünf bis zehn Beiträge verfasst haben. Nichts ist für Ihre zukünftigen Leser öder, als auf den Link zu Ihrem Blog zu stoßen und dann vor leeren Seiten zu sitzen. Und ob diese frustrierten Erst-Klicker jemals wiederkommen, steht in den Sternen.
Und ab dann müssen Sie vor allem drei schöne Tugenden an den Tag legen: Gute Qualität, Stetigkeit und Geduld.

Inhaltlich gute Qualität der Beiträge: Um eine immer größere Leserschaft zu gewinnen, ist es wichtig, Inhalte zu bloggen, die für die Leser von Interesse sind. Und die sie nicht an jeder anderen Ecke auch finden. Zitieren Sie also keinesfalls einfach andere Quellen. Recherchieren Sie einigermaßen gründlich und beziehen Sie Stellung. Teilen Sie etwas von sich mit, schreiben Sie Ihre Meinung. Unter allen journalistischen Beiträgen dürften die Artikel in Blogs diejenigen sein, in denen die Persönlichkeit des Autors am stärksten erkennbar sein darf, ja muss.
Guter Stil: Geben Sie sich Mühe. Schreiben Sie orthografisch richtig und versuchen Sie, einen eigenen Stil zu entwickeln, der für Ihre Leser unterhaltsam ist *und* der zu Ihnen passt. Wenn Sie ein eher pragmatisch wirkender Mensch sind, wird Ihnen im Blog die allzeit lustige Betriebsnudel niemand abkaufen. Und wenn Sie der eher quirlige, gern menschelnde Typ sind, sollten Ihre Postings, so werden Blog-Artikel auch genannt, nicht klingen, als würden Sie eine Excel-Zahlenreihe herunterrattern. Schreiben Sie, wie Ihnen der Schnabel gewachsen ist. Schreiben Sie, als würden Sie erzählen. Noch einmal: Beim Bloggen ist Authentizität das A und O.
Hohe und regelmäßige Frequenz Ihrer Blog-Artikel: Sie werden schnelleren und nachhaltigeren Erfolg mit Ihrem Blog haben, wenn Sie sich angewöhnen, recht häufig und kontinuierlich zu bloggen. Um drei bis vier Artikel pro Woche sollte Ihr Blog schon mindestens wachsen. Jede Woche. Ja, das verschlingt Zeit. Wer schnell, routiniert und texterprobt ist, kalkuliert pro Blog-Posting inklusive Recherche, Bildsuche und Korrekturlesen zwischen 30 und 60 Minuten. Anfangs werden Sie länger benötigen, auch weil Sie die (sehr einfache) Technik noch nicht aus dem Ärmel schütteln. Aber jede gute Marketing-Maßnahme kostet viel Zeit, Sie werden mit den Monaten schneller und Sie müssen ja nicht jeden Blog-Eintrag selbst verfassen. Wer außer Ihnen könnte noch an dem Blog mitarbeiten? Mitarbeiter, Freunde, Bekannte, eventuell sogar professionelle Texter?
Geduld: So viele wirklich gute und hoffnungsvolle Blogs sterben, weil ihre Verfasser sehr schnell frustriert waren und aufgaben. Sie waren frustriert, weil sie sich so viel Mühe machten und nach vier Wochen immer noch keine 500 Leser täglich hatten. Das ist bei Weblogs einfach

zu kurz gedacht. Nervös dürfen Sie frühestens werden, nachdem Sie mindestens ein halbes, wenn nicht ein ganzes Jahr Ihr Blog richtig gepusht haben: mit interessanten Inhalten, einem guten Stil, mehreren Einträgen pro Woche. Und nachdem Sie eine Menge unternommen haben, um Ihr Blog bekannter zu machen.

Das Blog bekannt machen

Wenn Unternehmens-Blogs sang- und klanglos wieder verschwinden, werden sie in der Regel nicht regelmäßig gepflegt und ihre Betreiber sorgen nicht aktiv für die Leser. Es nützt nichts, ein Blog ins Leben zu rufen und darauf zu warten, entdeckt zu werden. Werden Sie aktiv, promoten Sie Ihr Blog:

❏ Kommunizieren Sie die *Internetadresse Ihres Blogs*: Nehmen Sie die URL Ihres Weblogs in Ihre E-Mail-Signatur auf, setzen Sie auf Ihre Unternehmens-Website einen gut sichtbaren Link zum Blog und vergessen Sie ihn auch in Ihren Netzwerk-Profilen und auf Visitenkarten nicht.
❏ Melden Sie Ihr Blog sowie einzelne Beiträge bei *Social Bookmark-Diensten* an. Dadurch gewinnen Sie zusätzliche Leser. Solche Dienste sind zum Beispiel: *technorati.com, mister-wong.de, del.icio.us, digg.com, yigg.de* und viele andere mehr.
❏ Den gleichen Zweck erfüllt der Eintrag Ihres Blogs in *Blog-Verzeichnisse* und *-Portale*. Auch davon gibt es inzwischen unzählige. Einige Beispiele: *bloggerei.de, blogscout.de, blogalm.de*
❏ Richten Sie eine Blogroll ein. Das ist eine Linkliste von anderen Blogs, die Sie Ihren Lesern empfehlen. So haben Sie wiederum die Möglichkeit zum Linktausch und andere Blogger lernen automatisch Ihr Blog kennen, weil die Links in Diensten wie *technorati.com* referenziert werden und den Bloggern zur Kenntnis gelangen.
❏ Nehmen Sie in Ihren Blog-Artikeln *Bezug auf Artikel anderer Blogger* – natürlich mit Link zum jeweiligen Beitrag – und nur dann, wenn es thematisch passt und Sie eigenen Inhalt hinzuzufügen haben.

Blogs, deren Beiträge nur Zitate aus anderen Quellen sind, werden schnell langweilig und verlieren Leser.
- Lesen Sie andere Blogs und *kommentieren* Sie dort Beiträge, die thematisch zu Ihnen und Ihrem Unternehmen passen. Da in den Kommentaren immer auch die URL des Kommentators angegeben wird, findet Ihr Blog neue Leser.
- Wenn es möglich ist, lernen Sie andere Blogger auf entsprechenden *Events* persönlich kennen. So pflegen Sie Kontakte und erhöhen die Bereitschaft anderer Blogger, zu Ihrem Blog zu verlinken.
- Machen Sie *witzige Promotion-Aktionen*. Sehr gut darin sind zum Beispiel die Blogger des Schmuckherstellers TeNo *teno.de/teno/ deutsch/blog/*, die einen Blog-Adventskalender veranstaltet haben und eine Fotoaktion, in der Blogger T-Shirts geschenkt bekommen haben.
- Enorm effizient für das Blog-Marketing sind *Blog-Karnevals*, inzwischen öfter auch Blog-Parade genannt. Dabei tragen viele Blogger und nicht-bloggende Experten ihr Wissen zu einem vorgegebenen Thema dezentral zu einem kostenlosen Wissensdossier zusammen. Wie das funktioniert und welche Gründe dafür sprechen, einen Blog-Karneval zu initiieren, steht etwa im Blog *selbst-und-staendig.de* unter unter „Akquise" (und dann unter „Schritt für Schritt ..." und „Gute Gründe, Gastgeber zu werden").

Mehr zum Thema

- Klaus Eck: Corporate Blogs. *Unternehmen im Online-Dialog zum Kunden.* Zürich 2007.
- Erik Möller: *Die heimliche Medienrevolution. Wie Weblogs, Wikis und freie Software die Welt verändern.* 2. Aufl. Hannover 2006.
- Torsten Schwarz, Gabriele Braun (Hg.): *Leitfaden Integrierte Kommunikation. Wie Web 2.0 das Marketing revolutioniert.* Waghäusel 2006.
- Peter Wolff: *Die Macht der Blogs. Chancen und Risiken von Corporate Blogs und Podcasting im Unternehmen.* 2. Aufl. Frechen 2007.

❏ Jeremy Wright: *Blog-Marketing als neuer Weg zum Kunden.* Heidelberg 2006.
❏ *pr-blogger.de* – Das Blog von Blog-Consultant Klaus Eck.

Newsletter

Außer über Blogs oder die Rubrik „News" auf Ihrer Website gibt es natürlich auch den Newsletter als Medium, um mit Ihren Kunden online in Kontakt zu bleiben und sie mit Neuigkeiten aus Ihrem Unternehmen und sonstigen relevanten Informationen zu versorgen: Newsletter sind kostenlose E-Mails, die man gratis abonnieren kann und in denen Sie Ihren Abonnenten regelmäßig Informationen anbieten.

Einen Newsletter zu etablieren, ist recht zeitintensiv: Sie müssen die technischen Voraussetzungen schaffen; den Newsletter bekannt machen, damit Sie Abonnenten bekommen; kontinuierlich für die Leser interessante Inhalte recherchieren, damit die Abonnenten auch bleiben; jeden Newsletter gestalten und vor allem: lesenswert texten; Ihre Abonnentendatei verwalten; Ihre Newsletter versenden und Monitoring betreiben, d. h. immer wieder überprüfen, ob sich der Aufwand für Sie lohnt. Checken Sie regelmäßig die Entwicklung der Abonnentenzahlen, die Öffnungsrate (das Verhältnis der geöffneten Nachrichten zu den versendeten Mails), die Klickrate der einzelnen Beiträge, und wenn möglich, den durch den Newsletter bedingten direkten Abverkauf.

Der Nutzen eines guten Newsletters

❏ Zur Kundenbindung sind Newsletter hervorragend geeignet. Wenn der Newsletter entsprechende Inhalte hat, funktioniert er auch als Marketing-Instrument, um Neukunden zu anzulocken.
❏ Die Regelmäßigkeit des E-Mail-Kontakts sorgt dafür, dass Ihr Unternehmen bei Ihren Kunden oder denen, die es werden sollen, immer wieder in Erinnerung gebracht wird.

- In jedem neuen Newsletter können Sie sich als Experte positionieren und ihre Kompetenz beweisen.
- Durch das Abonnements-System haben Sie nahezu keine Streuverluste. Ihren Newsletter werden nur diejenigen abonnieren, die wirklich an seinen Inhalten interessiert sind.
- Sie gewinnen durch die Newsletter-Abonnements die Kontaktdaten möglicher Neukunden.
- Last not least ist der Newsletter der kostengünstige Online-Bruder des sehr wirkungsvollen Marketing-Instruments *Kundenzeitschrift*. Sie erreichen jeden Interessenten schriftlich, ohne Kosten für Druck, Papier, Verpackung und Porto zu haben. Der Zeitaufwand, um gute Newsletter zu erstellen, ist allerdings nicht zu unterschätzen.
- Newsletter haben gegenüber einigen anderen Marketing-Instrumenten den Vorteil, dass sich ihr Erfolg unmittelbar anhand der Abonnentenzahlen messen lässt.
- Weil Newsletter aktiv abonniert werden müssen, also freiwillig erhalten werden, sind die Empfänger durch gute (!) Newsletter nicht genervt und empfinden sie nicht als lästige Werbung.

Vorüberlegungen

Natürlich schreiben und verschicken Sie Ihren Newsletter nicht einfach drauflos sondern mit Konzept:

- Klären Sie, welche Ziele Sie mit dem Newsletter-Versand erreichen wollen:
  Sollen direkt Produkte oder Dienstleistungen darüber verkauft werden? Wollen Sie sich als Experte positionieren und deshalb Ihre Leser regelmäßig mit wichtigen Informationen aus Ihrem Fachgebiet informieren? Oder wollen Sie den Newsletter nutzen, um auf besondere Aktionen hinzuweisen? Eine Kombination der Zielsetzungen ist möglich, sollte aber behutsam eingesetzt werden, um Ihren Newsletter nicht beliebig wirken zu lassen.
- Wie häufig wollen Sie Ihren Newsletter versenden? Soll sein Versand in regelmäßigen Abständen oder nach Bedarf erfolgen?

Beachten Sie bei dieser Überlegung Ihren Zeitaufwand und die Frage, wie oft Sie wirklich interessante Neuigkeiten zu berichten haben.
- ❏ Ist es Ihnen wichtig, über den Newsletter Besucher direkt auf Ihre Website zu ziehen? Dann sollten die einzelnen News im Newsletter nur angerissen werden. Um die jeweils gesamte News zu lesen, sollte dann ein Link „Weiter", „mehr" oder „den ganzen Artikel lesen" zu der ganzen Nachricht führen, die auf Ihrer Website steht. Dieses Verfahren hat noch weitere Vorteile:
- ❏ Der Newsletter wird nicht so lang und wirkt sehr übersichtlich. Schnell können Ihre Abonnenten überblicken, welche der Artikel für sie interessant sind und auch nur die entsprechenden weiterführenden Links anklicken.
- ❏ Sie können anhand der Auswertung der geklickten Artikel gut erkennen, welche Ihrer Newsletter-Beiträge auf das Interesse der meisten Leser stoßen und so ihren Newsletter immer weiter inhaltlich optimieren.

Die juristischen Vorschriften

Die gesetzlichen Regelungen für Online-Marketing werden zum Schutz vor unerwünschter Werbung und aus Datenschutzgründen immer weiter verscharft. Folgende Tipps sollten Sie also unbedingt beachten:

- ❏ Newsletter dürfen nur an Personen verschickt werden, die diesen Dienst ausdrücklich und freiwillig bestellt haben. Das sicherste Verfahren hierzu ist das sogenannte *Double-Opt-In*, mit dem niemand von Dritten gegen seinen Willen zum Erhalt des Newsletters eingetragen werden kann: Der Abonnent erhält nach seiner Anmeldung eine Begrüßungsnachricht. Auf diese muss er per Mail oder Klick auf einen Bestätigungslink antworten. Erst nach dieser zweiten aktiven Handlung tritt das Abonnement in Kraft.
- ❏ Die Freiwilligkeit der Abonnements müssen Sie im Zweifelsfall nachweisen können, der Vorgang des Abonnierens muss also

elektronisch protokolliert werden. Professionelle Newsletter-Software tut dies automatisch.
- ❏ Sie müssen sich verpflichten, die Daten Ihrer Abonnenten zu schützen und Sie müssen dafür sorgen, dass die Abonnenten Ihre Allgemeinen Geschäftsbedingungen (AGB) zu lesen bekommen. Beides erreichen Sie, indem die zukünftigen Abonnenten aktiv – zum Beispiel per Klick in entsprechende Kästchen auf der Abonnementsbestellung – bestätigen müssen, dass sie Datenschutzerklärung und ABG gelesen haben, bevor die Bestellung abgeschickt werden kann.
- ❏ Das Gesetz schreibt vor, dass schon aus Absender und Betreff einer E-Mail ersichtlich sein muss, von wem sie kommt und um welche Art E-Mail es sich handelt. Daher sollten Sie den Newsletter von der Domain aus abschicken, unter der Ihr Abonnent den Newsletter bestellt hat und eine aussagekräftige Betreffzeile texten.
- ❏ Jeder Newsletter braucht ein vollständiges (kaufmännisches!) Impressum – wie das auszusehen hat, erfahren Sie im Kapitel über Websites –, lediglich ein Link auf das Impressum Ihrer Internetpräsenz genügt nicht.

Der Aufbau eines Newsletters

Neben den juristischen Vorschriften gilt es natürlich, den Newsletter so aufzubauen, dass er auf möglichst hohe Akzeptanz und möglichst großes Interesse Ihrer Leser stößt. Diese Elemente sollte Ihr Newsletter enthalten:

Absender: Ihr (Unternehmens)Name sollte innerhalb der ersten 15 Zeichen Ihrer Newsletter-Mail auftauchen. So weiß der Leser sofort, von wem die Mail stammt.

Betreffzeile: Mit dieser Zeile, die maximal 50 Zeichen enthalten sollte, verlocken Sie Ihre Leser zum Öffnen und Lesen Ihres Newsletters. Sie sollte neugierig und gleichzeitig deutlich machen, worum es in diesem Newsletter geht. Ein weiterer Grund für ein Hauptthema pro Newsletter.

Kopfbereich: Das ist der Bereich, der im Vorschaufenster zu einer Mail erscheint. Sein Inhalt entscheidet wie die Betreffzeile oft darüber, ob die Mail geöffnet und gelesen wird. Verschwenden Sie diesen wichtigen „Anreißer" nicht für ein riesengroßes Logo plus langer, langweiliger Vorreden. Machen Sie die Abonnenten hier neugierig, teasern Sie Ihren Newsletter so interessant und schnell lesbar an, dass niemand den Inhalt verpassen möchte und die Mail öffnet.

Inhaltsverzeichnis: Wollen Sie den Schnelllesern einen Gefallen tun, stellen Sie dem eigentlichen Newsletter ein Inhaltsverzeichnis voran, in dem die aussagekräftigen und Neugier erweckenden Überschriften der einzelnen Newsletter-Meldungen zu finden sind. Versehen Sie diese Überschriften dann noch mit einem Sprungmarken-Link, bei dessen Klicken der Leser direkt zum betreffenden Artikel im Newsletter springen kann, dann haben Sie den größtmöglichen Komfort geboten.

Persönliche Anrede: Wenn technisch irgend möglich, sprechen Sie Ihre Leser und Leserinnen in der Anrede mit Namen an. Gemäß einer Umfrage von Torsten Schwarz [3] bevorzugen 53 Prozent der Empfänger eine formelle persönliche Anrede à la „Sehr geehrte Frau Fleing", (35 Prozent) oder „Guten Tag, Frau Fleing" (18 Prozent).

Eigentlicher Inhalt: Es gibt keine Faustregel darüber, wie viele Meldungen ein Newsletter minimal oder maximal enthalten sollte, außer dieser: Jede Meldung muss für die Leser relevanten Inhalt bieten. Melden Sie alles, was Ihre Leser wirklich interessiert, aber nichts darüber hinaus.

Jede Meldung bekommt eine Überschrift, die catchy und aussagekräftig ist. Der Inhalt einer Meldung kann mit einem Bild unterstützt werden, wenn das sinnvoll ist. Das sollten Sie von Fall zu Fall entscheiden.

Newsletter-Leser sind in der Regel Schnellleser, Überflieger. Schreiben Sie also präzise und leicht lesbar, wenn möglich, auch noch unterhaltsam.

Wählen Sie für jeden Newsletter möglichst nur ein Kernthema, von dem Sie nicht abschweifen. Alternativ können Sie auch für einen Block von Meldungen oder jede Meldung ein Kernthema wählen. Wie auch immer Sie sich entscheiden: Das jeweilige Kernthema muss die Leser direkt anspringen.

 Denken Sie sich einen bestimmten Menschen aus Ihrem Freundes- und Bekanntenkreis, der genau in Ihre Zielgruppe passt, z. B. eine gute Freundin, die etwa 35 Jahre alt ist, mit der Sie auf Augenhöhe diskutieren und die sich genau für das Thema interessiert, über das Sie in Ihrem Newsletter schreiben. Sie werden staunen, um wie vieles authentischer und informativer Ihr Newsletter wird, wenn Sie nicht für ein anonymes Massenpublikum texten. Lautes Vorlesen des Textes am Ende entlarvt sprachliche Unstimmigkeiten.

Versand Ihrer Newsletter: Sie können Ihre Newsletter mit einer speziellen Newsletter-Software versenden oder mit den Bordmitteln Ihres E-Mail-Programms. Wenn Sie sich für letzteres entscheiden, hier ein ganz wichtiger Tipp, um die Daten Ihrer Abonnenten zu schützen: *Sämtliche Empfänger-Adressen müssen in das BCC-Feld Ihrer Mail,* damit sie für niemanden lesbar sind. Als eigentlichen Empfänger tragen Sie sich selbst ein, so haben Sie auch gleich eine zusätzliche Kontrolle, dass und wann genau Ihr Newsletter verschickt wurde.

Mehr zum Thema

- Stephan Lamprecht: *Firmenauftritt online.* Heidelberg 2007.
- Newsletter erstellen und Newsletter Marketing: Erfolg oder SPAM. *konzept-welt.de/konzepte/newsletter-marketing.html*
- Torsten Schwarz: E-Mail-Anrede wird formeller. *marketing-boerse.de/News/details/E-Mail-Anrede.* 2007.
- Torsten Schwarz (Hg.): *Leitfaden Online-Marketing.* Waghäusel 2007.

Seminare und Workshops

Hand aufs Herz: Wie oft haben Sie schon Prospekte von Seminaranbietern durchgeblättert und einen Großteil der angebotenen Seminare für sich als uninteressant eingestuft, weil Sie die zu erwartenden Inhalte im Schlaf herunterbeten können? Und wie häufig haben Sie in Fortbildungen, Seminaren und Workshops gesessen und sich zu Tode gelangweilt, weil das Thema unaktuell oder nicht für die Zielgruppe aufbereitet war und der Dozent didaktisch zu wünschen übrig ließ?
„Das könnte ich besser", haben Sie sich gedacht? Und Sie haben dazu noch didaktisches Methodenwissen im Handgepäck oder sind bereit, sich dieses anzueignen? Sehr gut – dann sollten Sie es besser machen.
Als Dozent schlagen Sie viele Fliegen mit einer Klappe: Sie haben ein Nebeneinkommen mit Renommee, positionieren sich als Experte auf Ihrem Gebiet, machen so Werbung für sich und Ihre Dienstleistung und fungieren zudem noch als Multiplikator, der Kunden oder ausgewählte Netzwerkpartner weiterempfehlen kann. Was wiederum Ihre Position als Netzwerker stärkt (siehe Seite 80).

Marketing-Faktor Seminar

Es ist kein Geheimnis, dass die beste Positionierung, das beste Alleinstellungsmerkmal nur wenig nutzt, wenn der Dienstleister selbst nicht überzeugen kann. Anders gesagt: Ein Geschäft kann rundum einladend aussehen, der Slogan hat sich im Kopf festgesetzt, die Referenzliste ist ehrfurchtsgebietend – wenn ich als Kunde zum Hörer greife oder das Geschäft betrete und mein Gegenüber ist mir spontan unsympathisch oder erscheint mir unglaubwürdig, dann mache ich auf dem Absatz kehrt und kehre nie zurück.
Gerade als Kleinunternehmer kann punkten, wer seiner Dienstleistung ein Gesicht gibt, Charakter zeigt. Trainerin und Coach Heide Liebmann spricht in ihrem Buch vom „Nasen-Faktor" (Der Nasen-Faktor. Wie Berater sich unverwechselbar positionieren. Wiesbaden 2007). Gesicht zeigen, einen persönlich-positiven Eindruck hinterlassen und eine gehörige Prise Fachwissen und Kompetenz dazu – etwas

Besseres gibt es kaum, um nachhaltig zu überzeugen. Als Seminarleiter hat man dazu hervorragend Gelegenheit.

Nun gilt es nur noch zu lernen, wie Seminare entwickelt, positioniert und beworben werden sollten, um vor vollen Seminarräumen zu unterrichten und nachhaltig im Gedächtnis zu bleiben. Vorab gilt es natürlich, ehrlich zu sich selbst zu sein: Bin ich überhaupt als Dozent geeignet?

Dozent werden leicht gemacht

Jeder Mensch kennt sich in mindestens einem Thema besonders gut aus. Auch Sie. In Ihrem Job zum Beispiel kann Ihnen so leicht niemand etwas vormachen. Wenn Sie über Ihr Arbeitsfeld sprechen, können Sie die graue Theorie mit Beispielen aus der Praxis würzen und liefern Ihren Zuhörern somit einen unschätzbaren Mehrwert.

Dennoch fallen gute Dozenten nicht vom Himmel. Können Sie folgende Fragen für sich selbst mit einem „Ja" beantworten? Dann sollten Sie Workshops und Seminare als neuen Marketing-Kanal in Ihr Portfolio aufnehmen. Kommt Ihnen beim Lesen der unten stehenden Punkte das nackte Grausen? Dann ist die „Dozenterei" für Sie kein geeignetes Marketing-Instrument. Die Ausnahme: Wenn Sie „nur" nicht gut vor Gruppen sprechen können, könnten Online-Seminare für Sie eine Alternative sein.

- ❏ *Keine Angst vor dem großen Auftritt:* Es fällt mir leicht, frei vor großen Gruppen zu sprechen. Meine Stimme ist kräftig, ich kann langsam sprechen und bin gut zu verstehen.
- ❏ *Wissen aus der Praxis für die Praxis:* Meine Arbeitsprozesse kann ich reflektiert betrachten und analysieren. Die Ergebnisse meiner Beobachtungen kann ich auf den Punkt bringen und Dritten vermitteln. Wenn ich etwa Dritten etwas über Selbstorganisation erzähle, reihe ich nicht nur Faktenwissen aneinander, sondern bringe auch meine eigenen Schwächen mit ein: „Seien wir ehrlich: Selbstmotivation fällt uns allen schwer. Mir ging es ebenso ... und folgende Strategien haben mir geholfen."

❏ *Ohne Didaktik geht es nicht:* Ich habe bereits unterrichtet oder war als Ausbilder tätig. Als Seminarbesucher habe ich genau hingesehen und von Methodik und Didaktik andere Dozenten gelernt. Fehlendes Wissen eigne ich mir gern an.
❏ *Am Anfang steht das Konzept:* Ich bin in der Lage, mein Wissen strukturiert aufzubereiten und zu vermitteln.

Seminare entwickeln

Wie Sie Ihre Zielgruppe festlegen, wissen Sie. Das ist gut, denn damit Ihnen Ihr Auftritt als Dozent auch langfristig neue Kunden in Ihrem Hauptgeschäftsfeld beschert, muss Ihr Seminarangebot Ihre zukünftigen Kunden als Zielgruppe ansprechen.
Ein Beispiel: Barbara Brecht-Hadraschek ist Texterin in ihrem eigenen Büro *contendundco.de*, ihr Schwerpunkt sind Online-Medien. Als Trainerin gibt sie ihr Wissen weiter, unter anderem bei *akademie.de*. Dort kann man von ihr lernen, wie man webgerecht textet oder mit den richtigen Formulierungen den Absatz in seinem Online-Shop steigert. Die Menschen, die Barbaras Workshop besuchen, haben einen akuten Bedarf: Sie brauchen gute Online-Texte und wollen daher lernen, diese selbst zu verfassen. Während des Seminars kann Barbara mit ihrem Fachwissen und ihrer langjährigen Berufserfahrung überzeugen. Die Teilnehmer lernen viel und behalten überdies im Kopf: „Die Frau Brecht-Hadraschek, die kann was!" Zu einem späteren Zeitpunkt empfehlen sie ihre kompetente Seminarleiterin gern an Dritte weiter oder beauftragen sie bei einem Projekt, das sie außer Haus bearbeiten lassen, vielleicht sogar selbst mit der Erstellung der Texte. Barbara Brecht-Hadraschek hätte auch ein Seminar zum Thema „Archivrecherche" anbieten können, denn sie ist Historikerin und hat auch eine Zeit lang in diesem Bereich gearbeitet. Ihre Teilnehmer hätten sie sicherlich auch in diesem Fall als kompetente Dozentin in guter Erinnerung behalten. Folgeaufträge in ihrem jetzigen Tätigkeitsschwerpunkt allerdings hätte ihr das keine gebracht.
Ein anderes Beispiel: Hans Maurer ist Diplom-Ingenieur und hat sich mit seiner Firma auf das Thema Grundstücksentwässerung speziali-

siert; er inspiziert und saniert private Abwasserleitungen. Erst jüngst hat der Gesetzgeber festgelegt, dass Eigentümer zur Instandhaltung ihrer Anlagen verpflichtet sind. Handeln sie nicht, drohen ihnen hohe Strafen. Hans Maurer weiß aus Erfahrung, dass die Verunsicherung bei seinen potenziellen Kunden groß ist. Sie haben Angst vor hohen Sanierungskosten, können die Inspektionsergebnisse der unterirdisch liegenden Rohre schlecht nachvollziehen und sich mangels Fachkenntnis nicht entscheiden, welches Sanierungsmodell für sie das Richtige sein könnte. Handwerksunternehmen bringen sie oft Misstrauen entgegen, weil sie deren Seriosität kaum einschätzen können. Hans Maurer führt sein Unternehmen fair und die Ergebnisse seiner Arbeit sind gut. Aber wie kann er potenzielle Kunden davon überzeugen? Der Ingenieur überlegt, wie er sein Fachwissen möglichst gewinnbringend in Seminarform aufbereiten kann. Schließlich bietet er dem örtlichen städtischen Abwasserunternehmen an, mit ihm zu kooperieren, denn dieses ist gleichfalls verpflichtet, die Eigentümer zu informieren, hat aber nur wenig Kapazitäten zur Verfügung. Hans Maurers Honorar als Dozent ist eher gering, aber er profitiert in mehrfacher Hinsicht: seine Glaubwürdigkeit wächst, denn er unterrichtet im Auftrag einer städtischen Organisation und seine potenziellen Kunden werden von ihm umfassend beraten. Obschon er am Ende des Seminars stets eine Liste mit allen in der Stadt ansässigen Firmen für Grundstücksentwässerung austeilt, beauftragen überdurchschnittlich viele Zuhörer am Ende ihn. Ihre Begründung: „Sie haben uns das jetzt so nett erklärt und wir kennen uns jetzt schon – da mache ich das doch einfach gleich bei Ihnen." Hans Maurer hätte auch ein Schulungsseminar für Mitarbeiter städtischer Abwasserbetriebe entwickeln können, in dem er diese für ihre Beratung „am Bürger" schult. Hier hätte er aber seine Zielgruppe (den Bürger selbst) nicht erreicht, und die Mitarbeiter der Abwasserbetriebe hätten ihn kaum weiterempfehlen können oder dürfen.

Tipps für ein gutes Seminar

- Der Einstieg bricht das Eis: Nehmen Sie sich Zeit für eine Vorstellungsrunde. Kennenlern- und Auflockerungsspiele gibt es auch für die Erwachsenenbildung. Gerade hier kann man viel falsch aber auch viel richtig machen. Wählen Sie mit Bedacht, welche Spiele zu Ihren Teilnehmern passen. Buchtipps zum Thema finden Sie am Ende des Kapitels.
- Beispiele beleben: Ihre Teilnehmer wollen Greifbares, Anwendbares mit nach Hause nehmen. Sie wollen aus der Praxis für die Praxis lernen. Die Theorie nachlesen können sie selbst.
- Fragen ins Publikum geben: Monologisieren Sie nicht, sondern suchen Sie den Dialog. Regen Sie die Diskussion der Teilnehmer untereinander an; werden Sie zum Moderator und verlieren Sie dabei trotz kleiner Exkurse nicht den roten Faden des Seminars aus den Augen. Wo haben die Teilnehmer konkret Probleme und wie könnte man diese lösen? Schaffen Sie eine vertrauensvolle Seminaratmosphäre: „Wir sind hier, um zu lernen. Am besten lernt man aus den eigenen Fehlern. Erzählen Sie uns von Ihren Fehlern und lassen Sie uns daraus lernen. Sie haben Hemmungen, Ihre Fehler öffentlich zu machen? Ich erzähle Ihnen mal meinen schlimmsten Fehler, der mir je in meinem Berufsleben widerfahren ist. Das war so: ..."
- Anwenden und Umsetzen: „Handlungsorientiert" heißt das Zauberwort. Wer etwas selbst ausprobiert, versteht und verinnerlicht es besser. Im Englischen nennt man das „Learning by doing". Geben Sie Ihren Teilnehmern erst die Grundlagen an die Hand – und lassen Sie sie dann im Rahmen einer konkreten Aufgabenstellung „ran an den Feind".
- Vorsicht beim Materialieneinsatz: Nichts gegen Power-Point-Präsentationen, aber diese sollten a) nicht zu voll sein, b) das Gesagte ergänzen und nicht eins zu eins verschriftlichen und c) natürlich der Werbung halber durchgängig Ihr Logo enthalten. Kopieren Sie ausreichend Materialien für Ihre Teilnehmer und sagen Sie ihnen, wie sie mit diesen Materialien umgehen sollen („Sie müssen nichts mitschreiben. Alles Wichtige steht auf dem Zettel, den ich jetzt he-

rumgebe. Ich möchte Sie bitten, den Zettel in Ihre Mappe zu legen und ihn nicht parallel zu lesen."). Der Vorteil der guten, alten Overhead-Folie: Arbeitsergebnisse von Gruppenarbeit können schnell und unkompliziert für alle sichtbar gemacht werden. Erkundigen Sie sich im Vorfeld, ob Moderationskärtchen, Pinnadeln etc. in ausreichendem Maße am Seminarort vorhanden sind.

❏ Die richtige Gruppengröße: Diskutieren und handlungsorientiert arbeiten lässt es sich am besten in kleinen Gruppen. Veranstaltungen mit mehr als zwölf Teilnehmern werden schnell zum Vortrag. Das Interesse der Teilnehmer zu halten, ist hier schwierig – auf ihre persönlichen Probleme und Bedürfnisse einzugehen erst recht.

Workshop ist nicht gleich Workshop, und nicht jeder Inhalt taugt für jede Form des Seminars. Entscheiden Sie mit Bedacht, welche Form am besten zu Ihnen persönlich, zu Ihren Teilnehmern und zu Ihrem Thema passt:

❏ Wo findet das Seminar statt?
Offline: Im guten alten Schulungsraum an Tafel, Flipchart oder Whiteboard.
Online: Sie bereiten die Inhalte in Form eines Übungsbuches vor – in Textform, aber auch wo möglich und sinnvoll mit Podcast- oder Videoelementen garniert. Die Teilnehmer lesen sich durch Ihre Lektionen und lösen die von Ihnen gestellten Aufgaben. Sie stehen in geschlossenen Foren als Ansprechpartner zur Verfügung, kommentieren, moderieren oder leiten auch schon einmal eine Audiokonferenz. Manche Online-Kurse kommen auch ganz ohne präsenten Seminarleiter aus, das sind die sogenannten Selbstlernkurse.
Blended Learning: Das Beste aus beiden Welten. Die Kick-Off-Veranstaltung findet im realen Leben statt. Danach trifft man sich online und lernt auch dort zusammen. Je nach Länge des Seminars kommen weitere Präsenzphasen hinzu; häufig in jedem Fall zum Abschluss des Seminars. Der Dozent moderiert on- und offline.

- ❏ Unter welcher Flagge segeln Sie?
  Möchten Sie Ihren Workshop als Einzelunternehmer anbieten? Oder unter fremder Flagge segeln wie etwa Hans Maurer mit seinem Grundstücksentwässerungs-Seminar? Vergessen Sie nicht: Wer an Ihren Seminaren mitverdienen möchte, sollte diese entweder gut vermarkten oder Ihnen Renommee bringen. Am besten natürlich beides.
- ❏ Wie lange dauert das Seminar?
  Wie viel Zeit müssen die Teilnehmer eventuell zusätzlich zur Präsenzzeit vor Ort – sei es im Netz oder im Seminarraum – investieren? Wie viel Zeit benötigen Sie für Ihre Inhalte? Aber auch: Wie viel Zeit kann und wird Ihre Zielgruppe voraussichtlich erübrigen können und wollen? Specken Sie im Zweifelsfall lieber das Angebot ab, verkürzen Sie die Workshop-Zeit und gestalten Sie aus dem überschüssigen Material einen zweiten Workshop.
- ❏ Mit welchem Ziel wird das Seminar veranstaltet?
  Was ist der konkrete Nutzen des Seminars, sein Ergebnis? Und: Was halten die Teilnehmer am Ende in Händen? Ein Zertifikat vielleicht? Oder eine gewinnbringende Erweiterung ihres Netzwerks?

Seminare positionieren

Ihr Workshop-Partner muss nicht nur hundertprozentig zu Ihnen passen, sondern auch zu Ihrer Zielgruppe. Hier können Sie Workshop-Partner suchen und finden:

- ❏ In Berufs- und Fachverbänden etwa bei der Gewerkschaft ver.di oder dem Deutschen Journalistenverband, für die Abwasserbranche etwa beim Institut für unterirdische Infrastruktur (IKT) in Gelsenkirchen oder für Bäckereien bei der örtlichen Bäcker-Innung etc.
- ❏ An Instituten von Universitäten oder Fachhochschulen.
- ❏ In örtlichen Volkshochschulen oder anderen Weiterbildungsanbietern. Eine Liste zugelassener Weiterbildungsangebote können Sie in

der Regel etwa bei Ihrem örtlichen Arbeitsamt oder dem städtischen Ansprechpartner für Wirtschaftsförderung erbitten.
- ❏ Direkt bei Ihren potenziellen Kunden in Form von In-House-Schulungen.
- ❏ Online etwa unter *akademie.de, workshopwelt.de,* aber auch an Verlage angegliedert und mit den entsprechenden Teilnehmerzielgruppen, etwa bei *cornelsen-akademie.de* oder *haufe-akademie.de* etc.

Die Liste ließe sich endlos fortführen. Den besten Partner für Ihr Seminarangebot finden Sie mit etwas Nachdenken selbst heraus, denn Sie kennen die Branche, in der Sie sich beruflich bewegen, selbst am besten. Falls nicht: Fragen Sie Ihre Kunden einfach, wo diese am liebsten Fortbildungen besuchen und sehen Sie sich dann auf den Internetseiten der genannten Anbieter um.

Zur Erstellung eines Seminar-Exposés, mit dem Sie Ihr Seminar bei dem Anbieter Ihrer Wahl anpreisen können, orientieren Sie sich einfach am Kapitel Artikel-Veröffentlichungen on- und offline.

Seminare bewerben

Wie Sie Ihre Seminare bewerben können oder den Veranstalter bei der Bewerbung Ihres Seminars unterstützen erfahren Sie im Kapitel Presse- und Medienarbeit (siehe Seite 149).

Exemplarische Seminarportale, in denen man sich und seine Seminare im Internet eintragen kann:

dozentenboerse.de, seminarboerse.de, seminarmarkt.de, seminarportal.de, eoculus.com

Es gibt aber auch auf bestimmte Bereiche spezialisierte Plattformen, wie etwa *shengo.de*, hier sind Seminare rund um die „ganzheitliche Heilkunde" gebündelt.

Auch immer eine Suche wert: Foren, die Ihr Thema berühren, haben häufig ausgewiesene Threads, in denen das Ankündigen von Seminaren erlaubt und gewünscht ist. Hier erreichen Sie Ihre Zielgruppe sicherlich besonders gut. Achten Sie aber in jedem Fall bei Präsenzseminaren auf eventuelle regionale Einschränkungen dieser Foren. Eine Ankündigung für ein Präsenzseminar in München wird in einem Ostfriesland-Forum nur wenige Leser zur Teilnahme begeistern können.

Wichtig ist, dass Ihre Seminarankündigung überzeugt, denn sie ist *der* Werbeträger Ihrer Veranstaltung.

Checkliste Seminarankündigung

Eine gute Seminarankündigung enthält:

- Einen Titel, der klar sagt, worum es geht. Falls möglich, zusätzlich einen Untertitel, der sagt, wie es geht.
- Das Kernproblem des Lesers, auf das man ihn oft erst stoßen muss.
- Die Lösung für sein Problem und den Weg dorthin, der im Seminar beschritten wird.
- Den ganz konkreten Nutzen, den der Leser aus dem Seminar ziehen kann; den Vorteil, den das Seminar ihm bringt.
- Informationen über den Dozenten. Wichtig: Der Leser muss nach der Lektüre wissen, dass dieser Dozent der richtige ist, dass er kompetent ist und Erfahrung im Seminarthema hat.
- Auch die Teilnehmergrenzen nach oben und nach unten sowie die Qualifikation der Teilnehmer sind eine gründliche Überlegung wert und sollten Eingang in die Seminarankündigung finden. Benötigen Sie für praktische Übungen zwingend eine gerade Zahl an Teilnehmern? Welche Vorkenntnisse werden auf Teilnehmerseite unbedingt vorausgesetzt? Richtet sich das Angebot an Führungskräfte, an Auszubildende, an Familien? Was sollen die Teilnehmer vorbereiten oder mitbringen?

z.B. So kann eine Seminarankündigung aussehen:

Klar formulieren, zielgruppengerecht schreiben, Interesse wecken.

Sind gute Dozenten automatisch auch gute Texter? – Natürlich nicht. Zum Glück ist Schreiben ein Handwerk und jeder kann es lernen.
Der Lohn der Mühen: Mehr Aufmerksamkeit für Sie und mehr Teilnehmer für Ihre Veranstaltung.
Die Dozentin: Momo Evers (*www.haus-der-sprache.de*) ist Print- und Online-Redakteurin und arbeitet seit über zehn Jahren in der Erwachsenen- und Jugendbildung.

Kundenakquise im Seminar So helfen Sie dem Zufall auf die Sprünge

Das beste Seminar verleiht Ihrem Unternehmen keine Zugkraft, wenn Sie die Chance zur Eigenwerbung ungenutzt verstreichen lassen:

- ❑ *Stellen Sie sich zu Beginn des Seminars vor:* Was arbeiten Sie? Was bieten Sie an? Beeindrucken Sie ruhig durch die Nennung von ein paar guten Referenzen. Das ist nicht nur reine Schleichwerbung, sondern gibt auch Ihren Seminarteilnehmern Sicherheit: Sie lernen etwas bei jemandem, der auch schon renommierte Kunden überzeugen konnte.
- ❑ *Streuen Sie immer wieder Beispiele aus Ihrem Arbeitsumfeld ein:* Wie haben Sie Probleme kompetent und umsichtig gelöst? Achtung: Vergessen Sie hierbei eventuell unterschriebene Verschwiegenheitsklauseln Ihrer Auftraggeber nicht und sprechen Sie lieber von „einem Projekt für einen großen Energiedienstleister" als davon, wie Sie „vor zwei Jahren für die Hamburger Stadtwerke folgendes Produkt optimiert haben". Auch Ihre Zuhörer werden Ihre Loyalität Ihren Auftraggebern gegenüber zu schätzen wissen. Schließlich

vertrauen Ihre Teilnehmer Ihnen im Rahmen des Seminars Dinge an, die sie nicht an die Öffentlichkeit getragen sehen wollen.
- *Fragen Sie zu Beginn des Seminars die Erwartungen Ihrer Teilnehmer ab:* Schreiben Sie gut mit und erfüllen Sie, wenn möglich, alle Erwartungen. Fassen Sie das Erlernte am Ende noch einmal zusammen und planen Sie Zeit für eine eventuell auch schriftliche Feedback-Runde ein. Hat Ihren Teilnehmern das Seminar gefallen? Prima. Dann scheuen Sie sich nicht, zu sagen: „Ich freue mich, wenn Sie mich weiterempfehlen. Sie wissen ja …" und hier folgt der Elevator Pitch, den Sie inzwischen sicher im Schlaf herunterbeten können.
- *Verteilen Sie am Ende des Seminars Ihre Visitenkarten* – und motivieren Sie Ihre Teilnehmer, Visitenkarten auszutauschen. Sammeln Sie die Visitenkarten Ihrer Teilnehmer ein und versehen Sie diese daheim mit ein paar hilfreichen Stichpunkten: Teilnehmer Seminar XY; Januar 2008 in München; war von Seminar sehr angetan; hat angekündigt, sich mein Buch zu kaufen; eher sachlicher Typ; fährt leidenschaftlich Motorrad; hat zwei Kinder

Warum das sinnvoll ist? Das erfahren Sie im Kapitel über Networking (siehe Seite 80).

Mehr zum Thema

- Hartmut Häfele und Kornelia Maier-Häfele: *101 e-Learning Seminarmethoden*. Bonn 2004.
- Ulrich Lipp: *Das große Workshop-Buch*. 7. Aufl. Weinheim 2004.
- Rolf Meier: *Das einzige, was stört, sind die Teilnehmer. Schwierige Seminarsituationen meistern*. Offenbach 2007.
- Gudrun F. Wallenwein: *Spiele. Der Punkt auf dem I*. 5. Aufl. Weinheim 2003.
- Bernd Weidenmann; *Handbuch Active Training, Die besten Methoden für lebendige Seminare*. Weinheim 2006.

Vorträge und Auftritte als Moderator

Vieles, was für Seminare und Workshops gilt, gilt auch für Vorträge und Auftritte als Moderator. Marketing-Vorträge zu halten oder als Ehrengast Veranstaltungen oder Fachdiskussionen zu moderieren, bringt Ihnen Renommee und positioniert Sie als Experte in Ihrem Fachgebiet.
Außerdem bringt es Sie mit Experten an einen Tisch, die Ihr Netzwerk um wertvolle Kooperationspartner bereichern. Was Sie davon haben? Das lesen Sie im Kapitel über Networking (siehe Seite 80).
Einen Haken hat die Sache mit den Vorträgen und der Moderatorentätigkeit, doch dieser ist zugleich auch Herausforderung: Vorträge können Sie nur schwer selbst akquirieren. In der Regel werden Sie eingeladen, um auf Symposien oder im Rahmen von Fachveranstaltungen zu sprechen. In diesem Kapitel erfahren Sie, wie Sie die Chancen, eingeladen zu werden, erhöhen können, was Sie als Vortragsredner und als Moderator beachten sollten und wie Sie Ihren Auftritt optimal nutzen können, um Ihrem Unternehmen Zugkraft zu verleihen.

Experte werden

Jedes der vorgestellten Marketing-Instrumente in diesem Buch hilft Ihnen, sich als Experte zu positionieren. Wichtig ist nur, dass Sie mit Ihren Pfründen auch nicht hinter dem Berg halten und sich des guten, alten Mantras der PR-Arbeit besinnen: Tue Gutes und rede darüber. Schreiben Sie auf Ihre Homepage, dass Sie gern als Experte für Vorträge um Thema XY zur Verfügung stehen. Lassen Sie es im passenden Augenblick bei Ihren Netzwerkpartnern fallen. Bringen Sie sich als Vortragenden oder Moderator ins Gespräch. Wer klar sagt, was er will und kann, kommt auch früher zum Ziel.

Vorträge halten

Das A und O bei jedem Vortrag ist: Seien Sie Sie selbst. Verstellen Sie sich nicht. Ihre Zuhörer brauchen keinen Weichspülgang, kein auswendig gelerntes 0815-Programm – und Sie müssen auch nicht beweisen, dass Sie die einschlägige Fachliteratur kennen und daher wie ein Weltmeister mit Zitaten und Belegen um sich werfen. *Natürlich* kennen Sie die einschlägigen Quellen – *Sie* sind ja der Fachmann. *Ihre* Meinung, *Ihre* Sicht der Dinge, *Ihre* Lösungsansätze sind gefragt.
Manchen Menschen macht allem Expertenwissen zum Trotz eine Kleinigkeit einen Strich durch die Rechnung: das Lampenfieber.

So legen Sie dem Lampenfieber das Handwerk

- Ordnen Sie Ihre Unterlagen bereits rechtzeitig am Abend zuvor. Mit guter Vorbereitung und einem soliden Konzept kann fast nichts mehr schief gehen.
- Gehen Sie am Abend zuvor früh ins Bett, auch wenn Sie nicht müde sind. Keine Panik, wenn Sie nicht einschlafen können. Auch das Ruhen in Liegeposition bringt Erholung. Hauptsache, Sie haben in den Nächten zuvor genug geschlafen.
- Wählen Sie Kleidung, die dem Anlass angemessen ist, in der Sie sich aber dennoch rundum wohlfühlen. Das heißt zum Beispiel: Keine neuen, nicht eingelaufenen Schuhe. Kein steifes Hemd, wenn Sie sonst eher der T-Shirt-Typ sind. Ein gepflegter Cashmere-Pullover oder Ähnliches tut es auch. Beachten Sie bei Ihrer Kleiderwahl die räumlichen Bedingungen Ihres Auftritts. Ist es dort kalt? Warm?
- Machen Sie sich zeitig auf den Weg, um nicht hetzen zu müssen. Kommen Sie wenn möglich eine gute Stunde vor Vortragsbeginn an. So können Sie sich mit den Räumlichkeiten und Ihren Gastgebern vorab vertraut machen und in Ruhe Ihre Unterlagen zurechtlegen.

❏ Tief durchatmen – am besten tief in den Bauch und nicht nur flach in den oberen Brustraum. Wenn Zeit und Ort es zulassen und Sie sehr unruhig sind: Summen Sie beim Ausatmen den Buchstaben „s". Das senkt den Blutdruck und entspannt.
❏ Stehen Sie zu Ihren Schwächen – und gleichen Sie diese mit Stärken aus. Nur wer authentisch ist, hinterlässt einen starken Eindruck.
❏ Ihre Zuhörer sind nicht Ihre Feinde. Im Gegenteil. Sie freuen sich darauf, dass Sie sich Zeit nehmen und sie an Ihren Erfahrungen teilhaben lassen. Sie teilen Ihr Wissen mit ihnen. Das allein macht Sie schon einmal sympathisch.
❏ Wenn Sie stecken bleiben: Bleiben Sie ruhig und schinden Sie Zeit. Stellen Sie Fragen zu dem Gesagten, nennen Sie ein weiteres Beispiel für Ihr Argument. Legen Sie sich im Vorfeld einen Stichwortzettel mit „Notausgängen" an, wenn Sie dies beruhigt.

Selbst das interessanteste Thema kann zum Schlaftrunk werden, wenn es nicht ansprechend verpackt und vermittelt wird. Sie kennen das sicherlich: Menschen, die mit monotoner, leiser Stimme stundenlang vor sich hin monologisieren, kann man inhaltlich nicht folgen – auch dann nicht, wenn man es wirklich versucht.

So fesseln Sie Ihre Zuhörer

❏ Beginnen Sie mit einer dem Thema und Rahmen angemessenen Anekdote. Das bringt Ihre Zuhörer zum Lachen – und bricht das Eis.
❏ Vermeiden Sie Ablesen, wo es geht. Nur ein freier Vortrag ist ein lebendiger Vortrag. Sie wissen doch, was Sie sagen wollen, oder? Na also. Dann machen Sie sich Stichpunkte auf Moderations- oder Karteikärtchen. Das genügt.

❏ Halten Sie Blickkontakt mit Ihren Zuhörern und scheuen Sie sich nicht, diese wenn möglich immer wieder in Ihren Vortrag mit einzubeziehen. Zum Beispiel: „Thema Gehaltsverhandlungen. Stellen wir uns einmal folgende Situation vor: Sie, Herr Meier, haben in diesem Jahr nachweisbare Erfolge erzielt. Zwei Gehaltsklassen höher möchten Sie mindestens kommen. Sie, Frau Müller, wissen, dass Herr Meier eines der besten Pferde in Ihrem Stall ist. Die Vorgabe vom Chef lautet: Halten Sie den Mann in jedem Fall, aber eine Gehaltserhöhung ist derzeit nicht drin. Was könnten wir Herrn Meier sonst noch anbieten? Gibt es Alternativen, auf die er sich einlassen würde? ...") Bei dieser Form des „Einbeziehens" brauchen Sie Fingerspitzengefühl. Beobachten Sie Ihre Zuhörer genau, haben Sie die „Stimmung" im Raum stets im Blick: Wer wirkt verschlossen, wer offen, wer gelangweilt, wer sympathisch? Für Ihr erstes Beispiel sollten Sie ein „leichtes" Opfer wählen – und sich dann immer weiter steigern. Gerade die muffigen, griesgrämigen Zuhörer müssen Sie früh auf Ihre Seite bringen.

❏ Packen Sie den Stier bei den Hörnern. Sieht einer Ihrer Zuhörer Sie skeptisch an, greifen Sie dies auf und bieten Sie gleich einen Lösungsvorschlag: „Sie sind skeptisch? Ich zeige Ihnen, wie es funktionieren kann ..."

❏ Rhetorische Fragen halten die Aufmerksamkeit Ihrer Zuhörer: „Sie glauben mir nicht? Das kann ich nachvollziehen, mir ging es zu Beginn meiner Tätigkeit ebenso. Aber heute ..."

❏ Arbeiten Sie mit wechselnder Lautstärke, Geschwindigkeit und Betonung. Und hauen Sie ruhig einmal auf den Tisch, um einen Punkt zu unterstreichen – das weckt selbst den müdesten Zuhörer auf. Falls möglich: Bewegen Sie sich an sinnvollen Redestellen im Raum und bleiben Sie nicht wie angewurzelt hinter Ihrem Podium stehen.

❏ Nicht nur die Stimme – auch der Körper spricht. Beobachten Sie vor dem Vortrag Ihre Manierismen, arbeiten Sie an Ihrer Körpersprache und setzen Sie Gestik pointiert ein.

❏ Beispiele aus der Praxis halten jeden Vortrag lebendig.

❏ Auch in einem Vortrag sind (Zwischen-)Fragen erlaubt. Ermuntern Sie Ihre Zuhörer, nachzuhaken. Am besten in gesteuerter Form durch Wortmeldung, und einem Saal-Mikro oder durch eine angekündigte Diskussionsrunde am Schluss. Ermuntern Sie gleich zu Beginn, Fragen mitzuschreiben.

Und vergessen Sie nicht: Auch der Ausstieg ist eine Kunst. Setzen Sie einen deutlichen Schlusspunkt. Flüchten Sie nicht vom Podium. Bedanken Sie sich und haben Sie Mut zur Pause, ehe der Beifall einsetzt. Sie haben ihn sich verdient.

Moderieren

„Moderat" kommt aus dem Lateinischen und heißt „gemäßigt". Als Moderator helfen Sie Dritten, zu einem Ergebnis zu kommen. Unerlässlich dafür ist, dass Sie selbst eine neutrale, gemäßigte – eine moderate Position einnehmen. Gerade wenn Sie als Moderator selbst Experte im Thema sind, ist es umso schwieriger, im Verlauf der Diskussion mit der eigenen Meinung hinter dem Berg zu halten, neutral zu bleiben, nicht Partei zu ergreifen und alle Teilnehmer gleichermaßen und ohne Wertung zu Wort kommen zu lassen. *Denn ein Moderator leitet das Gespräch und hat somit eine Machtposition inne – die er unter keinen Umständen ausnutzen darf.*
Dennoch ist es möglich, sich einzubringen, etwa durch Fragen wie „Wäre es möglich, dass ...". Die Kunst ist nur, die eigene Meinung sanft anklingen zu lassen, aber nicht auf dieser zu beharren – sich interessiert einzubringen und sich zugleich zugunsten der anderen Redner zurückzunehmen, als Moderator authentisch und offen zu bleiben, die Teilnehmenden ernst zu nehmen und ihre Beiträge wertzuschätzen, im Moderationsprozess hart, zu den Teilnehmern selbst aber stets freundlich zu sein.

So bereiten Sie sich auf eine Moderation vor

- Bereiten Sie Ihre Fragen und den Ablauf der Diskussion gut vor. Zu Beginn sollten Sie Ausgangslage und Ziel zusammenfassen.
- Beachten Sie dabei das Zeitlimit: Wie lange dürfen Sie bei einem Thema verweilen? Welches Thema könnte zur Not kurzfristig gestrichen werden? Wann muss die Abmoderation spätestens einsetzen?
- Informieren Sie sich über die Podiumsmitglieder. Sprechen Sie deren Vorstellung möglichst vor der Veranstaltung mit ihnen ab. Nichts ist peinlicher, als ein Satz eines Podiumsteilnehmers wie „Entschuldigen Sie, aber ich bin seit gestern Verkaufs*leiter*." Falls Sie Einfluss auf die Einladungsliste haben: Achten Sie darauf, dass unterschiedliche Meinungen am Tisch vertreten sind. Wenn alle „Ja, finde ich auch" sagen, wird es langweilig.
- Überlegen Sie sich eine Sitzordnung. Wem möchten Sie sich für welche Fragen zuerst zuwenden? Verteilen Sie Ihre Ansprechpartner so, dass Sie sich nicht etwa bei drei neuen Themeneröffnungen immer nur nach links wenden. Teilnehmer mit erwartungsgemäß konträren Meinungen sollten einander gegenüber, zumindest aber nicht nebeneinander sitzen.
- Achten Sie darauf, dass für das leibliche Wohl (Wassergläser!) gesorgt ist.
- Geben Sie die Spielregeln der Diskussion vor dem Beginn – und noch unter Ausschluss der Öffentlichkeit – bekannt, damit alle wissen, was sie erwartet. Mögliche Regeln sind: Nur eine Person redet. Jeder spricht für sich. „Ich" statt „man". Langredner werden unterbrochen.
- Überlegen Sie sich vorher, wie Sie eventuell auftretende Konflikte in der Diskussion lösen. Zum Beispiel: Das Gesprächsziel noch einmal für alle ins Gedächtnis rufen. Blickkontakt suchen und halten. Verständnis- und Einzelfragen stellen. Pausen aushalten. Alternativen abwägen lassen. Lösungen suchen, die für beide Seiten annehmbar sind. Angriffe auf die Sachebene bringen. Nie emotional zurückschlagen.

Ganz wichtig: Lassen Sie niemals zu, dass Ihr Diskussionsstil zum Thema der Diskussion wird. Unterbinden Sie dies souverän und deutlich – Sie verlieren sonst den roten Faden. Und nehmen Sie Angriffe gegen sich in der Position des Moderators nie persönlich. Außerdem kann es nie schaden, das eigene Handy vor den Augen der Diskussionspartner – nicht aber denen der Zuhörer – demonstrativ auszuschalten.

Die Hauptaufgaben eines Moderators während der Moderation sind Themen auf interessante und gesprächsanregende Weise anzustoßen; für ein angenehmes Gesprächsklima zu sorgen; Aussagen zu reflektieren; Beiträge zu strukturieren; den Kern eines Beitrages auf den Punkt zu bringen; End- und Zwischenergebnisse zu fixieren und das Ziel der Diskussion nie aus den Augen zu verlieren und die Teilnehmer im Rahmen der vorgegebenen Zeit bis zu diesem Ziel hin zu führen.

So könnte der Ablauf einer Diskussion aussehen:

- Begrüßung und Einstieg: Veranstaltung eröffnen, Interesse durch spannenden Einstieg wecken, Podiumsteilnehmer vorstellen, Diskussionsziele und Zeitrahmen festlegen.
- Themen managen: erstes Thema präsentieren, Meinungen und Gegenmeinungen zu Wort kommen lassen, Ansichten klären, Lösungsalternativen gegenüberstellen, Resultate zusammenfassen, Thema abschließen und neues beginnen/zu einem neuen Thema überleiten.
- Abschluss: das Erreichte zusammenfassen, die Highlights noch einmal hervorheben, das Thema positiv abschließen, den Teilnehmern danken, zum nächsten Punkt auf der Tagesordnung überleiten.

Achtung: Lassen Sie Ihre Diskussionsteilnehmer nach dem Applaus nicht im Regen stehen. Geben Sie ihnen – verbal oder durch Ihr eigenes Verhalten – klare Signale, was jetzt zu tun ist. Zum Beispiel: „Wir räumen jetzt das Podium für unsere Gäste aus XYZ. Für Fragen stehen wir Interessierten an Ort Y zur Verfügung."

Vorträge oder Moderatorentätigkeit als Marketing-Instrument nutzen

Als Vortragender, aber noch viel mehr als Moderator, haben Sie es nicht leicht, sich und Ihre Dienstleistung angemessen ins Gespräch zu bringen und Werbung für sich und Ihr Unternehmen zu machen. Natürlich: Der Auftritt bringt Ihnen Renommee und Ansehen, aber Sie sollen ja in der Regel nicht über sich, sondern über ein bestimmtes Thema sprechen, bei dem Sie sich auskennen. Bei Vorträgen stellen Sie sich oft gar nicht selbst vor, sondern werden vorgestellt. Hier fragt man Sie zwar oft – aber nicht immer – nach Ihren Wünschen, doch den eigenen geschickt angebrachten Werbeblock können Sie hier nicht diktieren. Als Moderator stehen Sie sogar während der Diskussion völlig im Hintergrund.

Umso wichtiger ist es, dass Sie die Zeit nach dem Auftritt sinnvoll nutzen. Hier schlägt die Minute des Netzwerkens. Schlagen Sie vor, sich noch zusammenzusetzen. Schaffen Sie Möglichkeiten, um mit für Sie wichtigen Menschen ins Gespräch zu kommen und im Gespräch zu bleiben. Entwickeln Sie Ideen, legen Sie Fährten aus, spinnen Sie in Vortrag oder Diskussion aufgegriffene Fäden gemeinsam mit Ihren Gesprächspartnern weiter – und finden sie gemeinsam heraus, wo Sie und Ihr Gegenüber einander auch in Zukunft nützlich sein können. Aus solchen Gesprächen haben sich langfristig schon die besten Aufträge ergeben.

Mehr zum Thema

❑ Thomas Stelzer-Rothe: *Vorträge halten*. Berlin 2002.
❑ Peter Kürsteiner: *Reden, vortragen, begeistern*. Weinheim 2006.
❑ Christof T. Eschenröder: *Lebendiges Reden. Wie man Redeangst überwindet und Vorträge interessant gestaltet. Ein Selbsthilfeprogramm mit CD*. Würzburg 2005.
❑ Martin Hartmann, Michael Rieger, Rüdiger Funk: *Zielgerichtet moderieren*. 5. Auflage. Weinheim 2007.
❑ Josef W. Seifert: *Besprechungen erfolgreich moderieren*. (Hörbuch, 2 CDs). Offenbach 2006.

Interviews geben – online und offline

Interviews, in denen Sie zu einem bestimmten Thema befragt werden oder solche, in denen Sie etwas über Ihr Unternehmen erzählen, sind eine ausgezeichnete Möglichkeit, viele Zuhörer oder Leser von Ihrem Expertenstatus erfahren zu lassen bzw. Ihr Unternehmen ins Gespräch zu bringen. Der Nachteil dieses Marketing-Instruments: Sie können aktiv wenig dazu tun, als Interviewpartner eingeladen zu werden. Hier haben Sie also ein ähnliches Problem wie bei der Dozententätigkeit. Aber *wenn* Sie gebeten werden, ein Interview zu geben, können Sie es – gut vorbereitet – nutzen, um sich und Ihrem Unternehmen Zugkraft zu verleihen. Neben inhaltlicher Kompetenz und Ehrlichkeit sind rhetorische Fähigkeiten und eine entspannte, authentische Ausstrahlung die Zauberwörter, die weiterhelfen.

Bevor Sie selbst interviewt werden, interviewen Sie zur Vorbereitung möglichst Ihrerseits den Journalisten, um wichtige Vorabfragen zu klären:

- Wie lautet der Name des Interviewers, der Institution, für die er das Interview mit Ihnen machen wird?
- Was ist das Thema, Anlass und Ziel des Interviews? In welchen thematischen Rahmen ist es eingebunden, wer sind die Adressaten des Interviews?
- Erfahren Sie die Fragen oder zumindest die Einstiegsfrage vorab?
- Wenn das Interview im Fernsehen, Radio oder via Podcast gesendet wird: Wird es live übertragen oder gibt es die Möglichkeit der Nachbearbeitung? Sind Zuhörer während des Interviews anwesend?
- Sind Sie der einzige Interviewpartner?
- Haben Sie die Möglichkeit, das Interview vor Veröffentlichung zu lesen/einen Mitschnitt zu hören, eventuell sogar noch Einfluss auf seine finale Version zu nehmen?

Tipp Achtung, Ton läuft – Tipps für Interviews

- ❏ Auch wenn Sie den Fragenkatalog vorab kennen: Sprechen Sie frei statt abzulesen.
- ❏ Antworten Sie nicht in sehr langen verschachtelten Sätzen, damit Ihre Aussagen inhaltlich gut verstanden werden können.
- ❏ Sprechen Sie deutlich und verlangsamen Sie Ihr Sprechtempo bewusst etwas. Durch die etwas künstliche Situation eines Interviews und die vielleicht vorhandene Aufregung neigt man dazu, zu schnell zu sprechen.
- ❏ Lassen Sie Ihren Interviewer ausreden und unterbrechen Sie auch andere Anwesende nicht, falls Sie nicht der einzige Interviewte sind.
- ❏ Setzen Sie bei Interviews, die über den akustischen Kanal übertragen werden, auch Ihre Körpersprache ein, selbst dann, wenn nur der Ton aber kein Bild übertragen wird. Man kann an der Stimme und der Phrasierung zum Beispiel hören, ob Sie stehen oder sitzen, lächeln oder grimmig schauen.
- ❏ Gehen Sie auf die gestellten Fragen tatsächlich ein, satt vorformulierte Statements abzuspulen.
- ❏ Erklären Sie Fakten bildhaft und einfach. Verwenden Sie Vergleiche, Metaphern und Beispiele, um Sachverhalte anschaulich zu erläutern.
- ❏ Wenn sich thematisch die Gelegenheit ergibt, lassen Sie ab und an den Namen Ihres Unternehmens einfließen, verwenden Sie bei Best-Practice-Beispielen solche aus Ihrem eigenen Unternehmen, wenn Sie dadurch keine Indiskretionen begehen.
- ❏ Die Aussage „Kein Kommentar" sollte Tabu sein, denn Sie vergeben sich damit die Chance eines breitenwirksamen Medienauftritts. Wenn Sie zu einem bestimmten Aspekt nichts sagen dürfen, begründen Sie Ihre Weigerung sachlich und ehrlich.

- Seien Sie weder herablassend noch unterwürfig Ihrem Interviewpartner gegenüber.
- Lassen Sie sich bei sehr kritischen Fragen nicht provozieren und dadurch zu Äußerungen hinreißen, die Sie angreifbar machen sondern bleiben Sie auf der Sachebene und greifen lieber zu kleinen rhetorischen Tricks, um die Waffen Ihres „Gegners" zu entschärfen.
- Gehen Sie grundsätzlich sparsam mit rhetorischen Tricks wie zum Beispiel der Antwort mittels einer Gegenfrage um. Es nützt der Reputation Ihres Unternehmens nichts, wenn Sie im den Ruf des aalglatten und mit allen rhetorischen Wassern gewaschenen Interviewpartners kommen.
- Lassen Sie sich zum Beispiel bei schwarz-weiß-malenden Fragen nicht in die Defensive drängen, indem Sie sich auf diese pauschalierende Fragestellung einlassen, sondern korrigieren Sie die Frage, indem Sie sie differenzierter neu formulieren.
- Falls Sie auf Sachverhaltsfragen keine Antwort wissen, geben Sie dies zu, bieten aber an, die Antwort nachzureichen. Saugen Sie sich auf keinen Fall vielleicht falsche Informationen aus den Fingern, nur um sofort antworten zu können.

Mehr zum Thema

- Michael Haller, Reimer Hintzpeter, Heiner Käppeli: *Das Interview. Ein Handbuch für Journalisten.* Konstanz 2001.
- Jürgen Friedrichs, Ulrich Schwinges: *Das journalistische Interview.* 2. Aufl. Wiesbaden 2005.

Presse- und Öffentlichkeitsarbeit

Presse- und Öffentlichkeitsarbeit steigert die Bekanntheit Ihres Unternehmens, baut sein Image auf und stärkt es. Es ist ein langfristiges Geschäft, das durch regelmäßige Kommunikation Vertrauen zum Unternehmen aufbaut und pflegt. Pressemitteilungen, Pressegespräche und -konferenzen oder Interviews in Fachmedien (siehe Kapitel Interviews) oder Kundenzeitschriften on- und offline helfen dabei, das eigene Unternehmen und sein Angebot immer wieder ins Gespräch zu bringen und seinen ganz persönlichen Mehrwert herauszuarbeiten. Gerade in einer Zeit, in der sich Produkte und Dienstleistungen immer weniger voneinander unterscheiden, sind Image und Bekanntheit Faktoren, mit denen Ihr Unternehmen punkten kann. Die Krux: Nicht alles, was Sie gern in die Presse bringen würden, ist für diese auch interessant. Umso wichtiger ist es, *Kontakte zu Journalisten* aufzubauen und zu pflegen und zu wissen, wie man die Chance auf eine Erwähnung in den Medien erhöhen kann. Das geht auch als kleines Unternehmen und mit kleinem Budget.

Pressearbeit und Werbung sind zwei paar Schuhe

Noch einmal. Die Grundlage für eine erfolgreiche Pressearbeit sind gute Kontakte zu Journalisten on- und offline. Das A und O dafür sind Fakten und Ehrlichkeit.

 Pressearbeit hat nicht die gleichen Ziele wie klassische Werbung sie soll keine Produkte oder Dienstleistungen verkaufen, sondern bezweckt die Erhöhung der Bekanntheit des Unternehmens, Kundenbindung und Imagepflege.

Ein Unternehmen darf sich im Rahmen der Pressearbeit nicht haltlos in den Himmel loben. Journalisten erkennen Eigenlob-Hudeleien schnell als das, was sie sind: Werbung nämlich. Und im Gegensatz zu Pressemitteilungen, die sie aufgreifen und zu Content verarbeiten oder vielleicht sogar unbearbeitet veröffentlichen, ist Werbung kostenpflichtig. Neben Unglaubwürdigkeit sind formale Fehler, mangelnde Aktualität oder Verständlichkeit und natürlich eine schlechte Positionierung beim Versenden der Pressemitteilungen klassische Knock-Out-Kriterien. Wer Pressemaßnahmen auf den letzten Drücker erarbeitet und versendet, schadet seinem Unternehmen, statt ihm zu nutzen.

 Annette Bopp arbeitet als freie Medizin- und Kulturjournalistin für einen renommierten Kundenstamm. Dass Medizin und Kultur ihre Schwerpunkte sind steht groß und breit auf ihrer Website *annettebopp.de*. Nähmen wir einmal an, Ihr Betrieb rund um das Autozubehör hätte wahllos Adressen von Journalisten aus dem Netz gefischt oder aufgekauft und würde diese Kontakte nun regelmäßig mit Pressemeldungen rund um neue Reifen und Bremsflüssigkeiten fluten. Journalisten wie Annette Bopp entsprächen erkennbar nicht der Zielgruppe. Die Pressemeldung würde in einem solchen Fall im besten Fall als Spam und im schlechtesten als Unprofessionalität empfunden werden. Sie stiehlt dem Adressaten beim Lesen Zeit und ärgert ihn. Das wirft ein schlechtes Bild auf den Absender – auf Ihr Unternehmen. Und wird vermutlich ein Verbannen in den Spam-Filter oder eine kurze, knappe Mail im Stil von „Bitte belästigen Sie mich nicht weiter und lernen Sie lesen" zur Folge haben.
Annette Bopp ist wie viele andere auch in Berufsnetzwerken aktiv. Kaum ärgert sie sich über Ihre unachtsam zugestellte Mail oder schiebt sie in den Mülleimer, flattert ihr eine Nachricht aus einer ihrer Berufs-Mailinglisten auf den virtuellen Schreibtisch. Der Header: „IHR UNTERNEHMENSNAME schickt mir immer Spam-Mails. Wem noch?" Keine Stunde später haben sich acht weitere Journalisten gemeldet, keiner von ihnen hat auch nur im Geringsten etwas mit Autos zu tun. In dieser Mailingliste lesen 500 Journalisten mit. Vier davon hätten sich vielleicht für Ihr Thema interessiert, einen davon haben Sie sogar angeschrieben. Ob er Ihre

Pressemitteilung nun noch mit dem gleichen Interesse zur Kenntnis nimmt wie noch vor einer Stunde? Vermutlich nicht. Weil Sie sich der Zunft gegenüber so unhöflich und unprofessionell verhalten haben. Und auch die 500 anderen Mitleser haben nun im Hinterkopf gespeichert „IHR UNTERNEHMENSNAME macht schlampige Pressearbeit."

Es kommt noch schlimmer: Ein paar Monate später haben Sie ein Thema zu bieten, das vielleicht wirklich in Annette Bopps Portfolio passen könnte. Es geht um eine Studie, die Ihr Unternehmen rund um Duftbäume in Autos hat durchführen lassen. Diese, so das Ergebnis, steigern das Krebsrisiko, vor allen Dingen in Verbindung mit dem Rauchen. Ihre Firma aber hat etwas entwickelt, das es im Auto hervorragend duften lässt, Krebs aber erwiesenermaßen nicht begünstigt. Annette Bopp wird diese Pressemitteilung vermutlich nie erhalten oder entnervt und ohne sie zu lesen in den Mülleimer verschieben. Ergo wird sie auch nichts darüber schreiben.

Vergessen Sie nie: Wenn ein Journalist Ihre Pressemitteilung im Rahmen eines Artikels umsetzt, macht er *kostenlose Werbung* für Sie. Journalisten, die ihrem Namen Ehre machen sind nicht käuflich. Weil nicht nur Sie, sondern auch viele andere Anbieter ein Produkt X anbieten, werden Journalisten nur den Unternehmen einen Platz in ihrem Beitrag einräumen, die sie als Partner empfinden. Ihr Part in dieser Partnerschaft heißt: Mein Unternehmen denkt mit, macht den Journalisten die Arbeit leichter. Wir geben dem Journalisten mit seiner Pressemeldung im besten Fall eine – vielleicht sogar exklusive – brandneue Information zu seinem Themenschwerpunkt oder bereichern dessen Datenbank um Experten, auf die sie im Rahmen einer Recherche zurückkommen und von denen sie zuverlässige Aussagen erwarten können. Die Experten im Pool des Journalisten müssen glaubwürdig und ehrlich sein – sind sie es nicht, bringen sie den Journalisten, der sich auf sie beruft, gleich mit in Verruf. Natürlich können sich diese „Experten" darauf verlassen, dass er sie auf Nimmerwiedersehen aus seinem Kontaktverzeichnis löschen wird.

Deshalb müssen Sie bei der Pressearbeit im Umgang mit Journalisten ihr „Werber-Sprech" abschalten, sich und Ihr Unternehmen oder Ihr Produkt realistisch und objektiv präsentieren – und damit trotzdem punkten. Das ist gar nicht so leicht. Es liegt auf der Hand: *Um erfolgreich zu sein, muss Pressearbeit von langer Hand geplant und mit großer Sorgfalt umgesetzt werden.*

Das benötigt Ihr Unternehmen für die PR

Für die Presse- und Öffentlichkeitsarbeit braucht ein Unternehmen eine umfassende Grundausrüstung.

Die Pressemappe

Pressemappen werden an Journalisten verschickt oder ausgegeben oder auf Messen oder anderen Business-Events ausgelegt. Eine Pressemappe ist stets auf den aktuellen Anlass hin ausgerichtet, ist also ebenso wie ein Bewerbungsschreiben immer individuell. Dennoch enthält es einige Basisinformationen: wichtige Daten über Ihr Unternehmen, Zahlen und Fakten, ein Interview mit dem Geschäftsführer oder ein Kurzporträt des Unternehmens, vielleicht sogar eine Unternehmensbroschüre oder einen Geschäftsbericht. Diese Basis-Mappe können Sie vorher vorbereiten und dann stets um die aktuellen Informationen ergänzen. Ein Tipp: Auch geeignete Fotos oder – wo sinnvoll – Grafiken und Tabellen gehören in eine gute Pressemappe.

Die Pressebilder

Bilder tragen entscheidend zur Pressearbeit bei und sollten daher Profi-Qualität haben. Klassische Medien wie Tageszeitungen, Magazine und Zeitschriften erwarten und benötigen in der Regel Bilder nach folgendem Format:
Für den Postversand: Format der Bilder 13 mal 18 Zentimeter, in Schwarzweiß und ohne Rand auf Hochglanzpapier vervielfältigt und wenn Sie möchten, legen Sie das Ganze zusätzlich als Presse-CD-ROM

bei. Auf der Rückseite sind auf einem entsprechend großen ausgedruckten Etikett folgende Informationen vermerkt:

- Was sieht man? Vorschlag für eine Bildunterschrift
- Wer ist abgebildet? Voller Name der Personen samt Funktion im Unternehmen, eindeutig für den Betrachter auf dem Bild zuzuordnen.
- Wer hat das Bild fotografiert/gezeichnet? Voller Name des Fotografen/Grafikers
- Wer ist der Absender? Komplette Kontaktdaten Ihrer Firma samt Telefonnummer
- Wie darf das Bild verwendet werden? Hier gibt es bei Pressemeldungen keine Alternativen. Der Pflicht-Text lautet: „Abdruck honorarfrei. Belegexemplar erbeten."

Für die elektronische Übermittlung: Digitale Bilder haben eine Größe von mindestens 300 Dots per Inch (dpi). Weil diese hohe Auflösung sehr große Dateien produziert, verschickt man sie nur nach Absprache. Am besten fügt man der Pressemeldung einen Link bei, hinter dem die entsprechende Bilddatei auf die eigene Homepage heruntergeladen werden kann. Die Informationen, die für die gedruckten Veröffentlichungen benötigt werden, dürfen natürlich auch bei der Online-Übermittlung nicht fehlen.
Sollen die Bilder nicht in einem gedruckten, sondern einem Online-Medium veröffentlicht werden, brauchen sie nur eine Auflösung von 72 dpi zu haben. Aus dieser niedrigen Auflösung resultieren deutlich kleinere Dateien, die Sie ruhig per E-Mail versenden könne, ohne sich den Zorn des Empfängers zuzuziehen.

Die Pressedatenbank

Ihre Pressedatenbank enthält Adressen und Kontaktdaten von Medienpartnern, die für Ihr Unternehmen wichtig sind, also Redaktionen, Redakteure und freie Journalisten. Sie bündelt alle wichtigen Informationen, möglichst in Tabellenform: Name des Mediums, Redaktion/ Ressort, Adresse und Homepage, Ansprechpartner, Telefon, Fax, E-Mail-Adresse, gewünschte Zustellung der Pressemitteilung (Post, Fax, E-Mail), ideale Anrufzeit (bei Tageszeitungen oft eher am Nachmittag). Für Sie überdies noch wichtig sein können: Reichweite, Zielgruppen, Erscheinungsweise und die thematische Zuordnung – etwa Tiermagazin oder Anzeigenblatt –, Historie Ihrer bisherigen Kontakte zur betreffenden Person und wichtige Bemerkungen wie Arbeitsschwerpunkte oder bisher erschienene Artikel.

Solch eine Datenbank anzulegen, kostet viel Zeit, weshalb es auch Firmen gibt, die Datenbanken nach individuell zugeschnittenen Bedürfnissen verkaufen. Das ist allerdings sehr teuer. Deutlich günstiger sind Angebote von Firmen, die eine Presseaussendung für Unternehmen auf Basis der eigenen Datenbank übernehmen, zum Beispiel *newsaktuell.de*, *directnews.de*

Tipps für die eigene Medienpartner-Recherche

- Im Impressum der gewünschten Medien sind meist neben Adresse, Telefon- und Faxnummer auch Redakteure genannt. Wenn nicht, hilft eine höfliche Nachfrage bei der Redaktion.
- Viele Redaktionen sind mit Ansprechpartnern auf der Webseite des Mediums zu finden.
- Suchen und finden in Online-Portalen wie *fachzeitschriften.com*
- Suchen und finden in Nachschlagewerken wie „KROLL – Presse-Taschenbücher", im jährlich aktualisierten „STAMM – Leitfaden durch Presse und Werbung" oder in „Zimpel Loseblattwerke", die jeweils in verschiedenen Fachausgaben für bestimmte Branchen erhältlich sind. Sie liefern Kontaktdaten mitsamt den jeweiligen Redaktionen und umfangreiche Listen freier Fachjournalisten. Im Stamm- und Zimpel-Verlag sind die Titel auch als CD-Rom oder per kostenpflichtigem Onlinezugriff erhältlich.
- Über Fachportale wie zum Beispiel *pr-journal.de* oder *pr-werkstatt.de*
- Via Suchmaschinen: Zum Beispiel mit der Suchbegriffs-Kombination *Journalist Medizin*

Wichtig: Recherchieren Sie lieber einige gute Journalistenkontakte als eine riesige, aber anonyme Datenbank zu erwerben.

Der Presseverteiler

Mithilfe Ihrer Datenbank erstellen Sie jeweils nach Thema Ihren individuellen Presseverteiler. Wichtig für die richtige Auswahl ist, immer im Hinterkopf zu haben, wer konkret die Zielgruppe Ihrer Pressemitteilung ist. Häufig hat eine Organisation/ein Unternehmen je nach PR-Anlass unterschiedliche Zielgruppen unter den Medien. Ihr „Tag der offenen Tür" interessiert zum Beispiel eher die regionale Presse, Ihre Geschäftszahlen eher die Wirtschaftspresse.

Was interessiert wen

PR-Spezialistin Birgit Golms *(golms-communications.com)* bringt es auf den Punkt:
Lokale Informationen: Lokalteil regionaler Tageszeitungen oder Lokalausgaben, Anzeigenblätter, Amtsblätter, Stadtmagazine, lokaler Hörfunk und lokales Fernsehen
Regionale Informationen: regionale Tageszeitungen, Wochenzeitungen, Zeitschriften, Nachrichtenagenturen, regionaler Hörfunk und regionales Fernsehen
Überregionale Informationen: überregionale Tageszeitungen, Wochenzeitungen, Zeitschriften, Nachrichtenagenturen, überregionaler Hörfunk und überregionales Fernsehen
Branchenspezifische Informationen: Fachpressedienst, Fachzeitschriften, freie Fachjournalisten, Online-Medien, regionales und überregionales Fernsehen mit geeignetem Sendeplatz

Die Medien mit Material bedienen

Nun fehlt nur noch eines zu Ihrem PR-Glück: Knackige Inhalte, die nicht nur wirklich Interessantes bieten, sondern auch interessant verpackt sind – in prägnanter, treffsicherer Sprache formuliert und auf die Empfängerzielgruppe zugeschnitten.

Pressemeldungen schreiben

Keine Pressemitteilung ohne Informationswert und aktuellen Aufhänger, zum Beispiel: ein neues Produkt, Jubiläum, Preisverleihung, Ausstellung, Messe, Tag der offenen Tür, Kooperation, Seminar, Sponsoring.
Der Text trägt die Überschrift „Pressemitteilung" und lädt optisch und inhaltlich zum Lesen ein: Gliedern Sie mit Zwischenüberschriften, schreiben Sie in einer leicht lesbaren Schrift in 12 pt, lassen Sie für Notizen des Journalisten mindestens 4 Zentimeter rechten Rand, schreiben Sie maximal 60 Zeichen inklusive Leerzeichen pro Zeile, verwenden Sie keine Unterstreichungen, Fettdruck oder Kursiv-Schrift.

Die Pressemitteilung

- ❏ steht auf dem Briefpapier Ihres Unternehmens
- ❏ ist nicht länger als zwei Seiten und verweist bei Bedarf auf weitere beiliegende oder herunterladbare Hintergrundinformationen
- ❏ ist leicht verständlich, in sich schlüssig, fachlich und sachlich richtig und frei von Werbung
- ❏ trägt eine kurze und prägnante Überschrift und bei langen Texten zusätzlich eine Unterüberschrift
- ❏ folgt im Stil den Regeln des journalistischen Schreibens: Schreiben Sie einfach und klar verständlich mit maximal 14 Wörtern pro Satz. Bauen Sie keine Schachtelsätze. Gehen Sie mit Fachausdrücken äußerst (!) sparsam um, erklären Sie Abkürzungen. Schreiben Sie in aktivem Schreibstil – nicht: Das Produkt *wurde* entwickelt ..., sondern: XYZ *entwickelte* das Produkt. Verwenden Sie möglichst Verben statt Substantive, wo immer das möglich ist – nicht: Der Verkehr musste einer Umleitung folgen, sondern: Der Verkehr wurde umgeleitet.

- beginnt mit den wichtigsten Fakten
- beantwortet zu Beginn die sieben W-Fragen: Wer? Was? Wann? Wo? Wie? Warum? Woher (Quelle)? Die Wichtigkeit der Informationen nimmt von oben nach unten ab: Erst den Informationskern, dann die näheren Umstände, dann die Details.
- nennt Personen bei Ersterwähnung mit Titel, vollständigem Vor- und Nachnamen, Funktion und Amt; Zusätze wie „Herr" oder „Frau" entfallen
- kennzeichnet geeignete und vom Zitierten zur Nutzung freigegebene Zitate, etwa aus einem Interview mit einem Experten des Unternehmens
- nennt am Ende den Ansprechpartner für die Pressearbeit inklusive sämtlicher Kontaktdaten. Führen Sie, wenn nötig, zusätzlich einen Experten aus Ihrem Unternehmen für fachliche Rückfragen an.
- enthält gegebenenfalls ein Kurz(!)profil der Firma am Textende
- und die Anzahl der Zeichen der Pressemeldung inklusive Leerzeichen

Anregungen für gute und schlechte Pressemitteilungen findet man in den Presserubriken großer und kleinerer Firmen im Internet. Hier gilt: anschauen, lernen, besser machen.

Wenn Sie Pressemitteilungen in der E-Mail selbst versenden, dann bitte nicht im HTML-Format.
Ob Ihr Ansprechpartner Informationen lieber per Post, Fax oder Mail erhält, fragen Sie ihn am besten selbst – und vermerken es für die Zukunft in Ihrer Datenbank.
Signalisiert Ihr Gesprächspartner kein Interesse: Bedrängen Sie ihn nicht und suchen Sie lieber später nach einem Thema, das besser zu ihm und seinem Ressort passt.

Pressekonferenz und -gespräch

Wenn der Anlass es hergibt und geeignete Räumlichkeiten vorhanden sind, können Pressekonferenzen oder -gespräche ein wichtiger Teil der Pressearbeit sein. Ein Vorteil: Sie können Journalisten persönlich kennenlernen und bestehende Kontakte pflegen.

Pressekonferenzen

- ❏ benötigen einen angemessenen Raum für zehn bis zwanzig Personen
- ❏ haben regional eine Vorlaufzeit von mindestens sechs bis acht Wochen
- ❏ finden an einem Wochentag statt, möglichst nicht montags oder freitags
- ❏ beginnen zwischen 10 und 12 Uhr und dauern eine, maximal anderthalb Stunden
- ❏ laufen am besten nach folgendem Schema ab: pünktlicher Beginn; Moderator oder Geschäftsführer/Vorstand begrüßt die Teilnehmer/stellt Referenten vor/erläutert Ablauf der Konferenz; Geschäftsführer/Vorstand übernimmt das erste Statement/den ersten Vortrag; weitere Vorträge/Statements; Raum für Fragen der Journalisten; offizielles Ende der Konferenz
- ❏ sind spätestens um 14 Uhr beendet

Checkliste Vorbereitung Pressekonferenz

- ❏ Erstellen einer individuellen Checkliste plus Zeitplan
- ❏ Schriftliche Einladung an die Journalisten per Post, Mail oder Fax – den Verteiler auf die Zielgruppe abstimmen. Die Einladung enthält Termin, Ort und Zeit der Pressekonferenz, das Thema, den geplanten Ablauf, gegebenenfalls die Rednerliste, Anfahrtsskizze mit Hinweis auf Parkmöglichkeiten, ein Antwortfax mit der Bitte um Teilnahmebestätigung oder -absage

- ❏ Schriftliche Vorbereitung der Statements der Redner (siehe Kapitel über Vorträge und Moderation)
- ❏ Telefonische Nachfassaktion einige Tage vor der Pressekonferenz: Wer kommt doch? Wer kommt doch nicht?
- ❏ Der Tag X: Blick in die aktuelle Tageszeitung werfen: Ist etwas für die Pressekonferenz bedeutsam?
- ❏ Den Raum vorbereiten: Lieber zu viele als zu wenige Stühle; Catering aufbauen (lassen); Pressemappen inklusive Einladung zur Konferenz, Ablaufplan, Kopie der Vorträge inklusive Folien, aktueller Pressemitteilung; Informationsmaterial zum Unternehmen bereitlegen; Schreibutensilien bereitstellen; vor Veranstaltungsbeginn Technik checken; kurzes Kick-Off-Meeting mit allen Akteuren; Teilnehmerliste mit den Namen der angemeldeten Journalisten vor dem Raum auslegen
- ❏ Gäste persönlich begrüßen und bitten, die Liste auszufüllen. Das erleichtert Ihnen hinterher die Medienauswertung (Journalisten, die angemeldet waren aber nicht zur Konferenz erschienen sind, schickt man die Pressemappe.)
- ❏ Wichtig: Seien Sie für telefonische Nachfragen zur Konferenz an diesem Tag ohne Unterbrechung bis mindestens 18 Uhr erreichbar.

Ein *Pressegespräch* ist vom Ablauf her ähnlich wie die Konferenz, findet aber in kleinerem Rahmen statt.

Presseservice im Internet

Weil Journalisten häufig auch über das Internet recherchieren, sollten Sie ihnen die Arbeit erleichtern: Mit einem gut ausgestatteten und übersichtlichen Presse-Service auf Ihrer Internetseite.

Was Journalisten in einem Presseportal Ihres Unternehmens gerne finden:

aktuelle Presseinformationen; Pressebilder zum Download, gern in unterschiedlich hoher Auflösung: 72 dpi, 300 dpi; Grafiken, Statistiken und das Firmenlogo zum Download; Geschäftsberichte, Umweltberichte etc.; Presseansprechpartner mit direkter telefonischer Durchwahl und E-Mail-Adresse

Gerade bei kleinem Budget ist das Presseportal im Internet ideal, denn Sie sparen die Kosten für professionellen Ausdruck und Versand. Außerdem können Sie so Ihre Pressedatenbank aktualisieren und erweitern: Ermöglichen Sie Interessenten, sich unkompliziert in ein Formular einzutragen und anzukreuzen, ob sie fortan ihre Pressemeldungen – gern nach Themenbereichen sortiert wählbar – empfangen oder Ihre(n) Newsletter abonnieren möchten. Die übermittelten Kontaktdaten geben Sie dann in Ihre Medien-Datenbank ein und behandeln sie vertrauensvoll und pfleglich.

Pressemitteilungen kostenlos im Netz veröffentlichen

Im Netz gibt es eine Reihe von Portalen, in denen Sie Ihre Pressemitteilungen nach Themen kategorisiert kostenlos positionieren können. Einige Beispiele für diese Portale sind *openpr.de, prcenter.de* oder *presseecho.de*. Diese Portale stellen zwar kostenlos die Möglichkeit zur Verfügung, Pressemitteilungen zu veröffentlichen, sie generieren sich damit aber auch zugleich den Content für ihre Web-Angebote. Dadurch sorgen sie für hohe Zugriffszahlen auf die eigene Website und erzielen so bei Werbepartnern auf der PR-Plattform gute Preise. Das ist an und für sich nicht verwerflich. Achten Sie aber dennoch darauf, in welchem Umfeld Sie sich präsentieren möchten. Viele der offenen Presseportale achten auf Mindeststandards, manche nicht.

Lässt sich der Erfolg der Medienarbeit messen?

Auch die Nachbereitung der Pressearbeit ist eine zeitaufwendige Tätigkeit: Medien müssen mit Hinblick auf Berichte über das Unternehmen ausgewertet, gefundene Berichte ausgeschnitten, aufgeklebt und mit dem Namen der Zeitung, dem Tag des Erscheinens und der Auflagenhöhe beschriftet oder aus dem Internet gezogen und ebenso archiviert werden. Gerade bei überregionaler Pressearbeit ist das kein leichtes Unterfangen. Es gibt professionelle Medienbeobachtungsdienste, auch Clipping-Dienste genannt, die Sie damit beauftragen können. Diese Unternehmen werten tagesaktuell deutsche Zeitungen, Zeitschriften, TV-Sender oder Nachrichtenagenturen nach bestimmten Suchbegriffen aus.

Achten Sie bei der Auswertung nicht nur auf Quantität der Berichterstattung, sondern auch auf die Qualität – war die Resonanz positiv oder negativ? –, Umfang und Positionierung der Artikel. Auch diese Auswertung können Mediendienstleister übernehmen.

Interessant für Sie ist auch, die Anzahl der Abrufe Ihrer Unternehmenswebsite und der Anrufe im Unternehmen vor und nach der Pressemeldung zu beobachten.

Pressearbeit ist zwar ein langfristiges und arbeitsintensives Unterfangen, Sie werden aber mit der Zeit immer besser und routinierter darin. Je mehr Sie über Ihre Zielgruppe unter den Journalisten erfahren, je besser ausgeprägt Ihr Fingerspitzengefühl und je größer Ihre Liste an aktiven Journalistenkontakten ist, desto leichter geht Ihnen die Pressearbeit von der Hand.

Nur eines sollten Sie von Anfang an in die Hände eines Profis legen, wenn es Ihnen selbst nicht liegt: das Verfassen der Pressemitteilungen und das Erstellen der Presseunterlagen. Für einen professionellen ersten Eindruck gibt es keine zweite Chance.

Mehr zum Thema

❏ Viola Falkenberg: *Pressemitteilungen schreiben. Zielführend mit der Presse kommunizieren.* 3. Aufl. Frankfurt am Main 2006.

- Dieter Herbst: *Public Relations.* 2. Aufl. Berlin 2007.
- Annemike Meyer: *Professionelle Pressearbeit.* Göttingen 2004.
- Norbert Schulz-Bruhdoel: *Die PR- und Pressefibel. Zielgerichtete Medienarbeit. Ein Praxislehrbuch für Ein- und Aufsteiger.* 3. Auflage. Frankfurt am Main 2007

Guerilla-Marketing

Guerilla-Marketing? Das sind doch diese schrillen „mal-eben"-Sponti-Werbeaktionen von Firmen, die sich richtige Werbung nicht leisten können und die „voll cool" sein wollen, oder?

Stimmt eher nicht. Richtig ist, dass *manche* Guerilla-Marketing-Kampagnen witzig oder auch schrill sind. Richtig ist, dass viele – aber nicht alle – dieser Kampagnen mit erstaunlich kleinem Budget umsetzbar sind. Und richtig ist auch, dass die Guerilla-Kampagnen oft *wirken*, als wären sie sehr spontan entstanden. Das ist dann aber auch schon alles, was an diesen Annahmen eventuell richtig ist und nichts davon ist zwangsläufig so.

Richard Branson zum Beispiel, Inhaber eines ganzen Firmen-Konsortiums und ganz sicher nicht auf Marketing mit kleinem Budget angewiesen, ist berühmt für seine – oft sehr teuren, immer aber spektakulären – Guerilla-Marketing-Aktionen. So seilte er sich zum Beispiel medienwirksam an Bettlaken aus einem Haus „fliehend" ab – symbolisch für den Virgin mobile-Claim *You are free*.

Aber was ist Guerilla-Marketing denn nun wirklich?

Guerilla-Marketing ist ...

... aufmerksamkeitsstark, überraschend, überfallartig, originell und außergewöhnlich; eine Philosophie, die sich durch den gesamten Marketingmix ziehen sollte; eine dauerhaft angelegte Strategie; eine hocheffiziente Möglichkeit, die Kunden dort abzuholen, wo sie sind; mal schockierend, schrill und spektakulär – mal leise und trotzdem sehr wirksam und auf die Verbreitung der Kampagne durch Medien und Konsumenten angewiesen.

Bekannt wurde die Guerilla-Taktik durch den kubanischen Guerilla-Führer Che Guevara, der mit seinen Guerilleros strategisch und wohl geplant mit Überraschungsmanövern die Gegner listig aus dem Hinterhalt überrumpelte. Einfallsreichtum, Unkonventionalität und Flexibilität kennzeichneten die Guerilla-Taktik, und genau diese Eigenschaften übertrugen die Strategen auf das Marketing. Das Guerilla-Marketing war geboren.

Guerilla-Marketing ist also keine Methode, sondern eine Strategie, ein Konzept. Was dieses Konzept ausmacht, haben Anja Förster und Peter Kreuz in ihrem Buch „Marketing Trends" auf den Punkt gebracht:

„Für das Guerilla-Marketing gilt es, Erfolgszutaten aus zwei völlig unterschiedlichen Bereichen zu vermengen: die der revolutionären Kriegsführung und die der Werbung. Für Guerilla-Kämpfer, die keine großen Finanzreserven haben und ohne regeln kämpfen, lautet die Strategie: ständig in Bewegung bleiben und mit nadelstichartigen Aktionen den Gegner schwächen. Danach taucht der Guerillero sofort wieder unter, sodass niemand weiß, wo er als nächstes auftaucht. Vermengt man diese Dschungeltaktiken mit dem Einmaleins guter Marketing-Strategien, nämlich aus Kundensicht originelle und vor allem einprägsame Aktionen zu entwickeln, bekommt man das richtige Rezept für Guerilla-Marketing. So ist es das oberste Ziel, konventionelle Ziele mit unkonventionellen Methoden zu erreichen – getreu dem Motto „anders sein als andere". Die Guerilla-Kampagnen erscheinen dem Publikum spontan, sind anders als das gewohnte und haben schon deshalb hohen Unterhaltungswert."

Eine Guerilla-Marketing-Aktion erreicht in der Regel nur wenige Menschen direkt. Ihre volle Wirkung entfaltet sie erst durch die Verbreitung der Kampagne. Bei dieser Mundpropaganda spielen die Medien eine wesentliche Rolle.

 Ausgezeichnete Presse- und Medienarbeit ist unabdingbarer Bestandteil einer guten Guerilla-Marketing-Kampagne.

Für die Verbreitung sorgen aber auch zunehmend die Verbraucher, die per Foto oder Video in Weblogs, auf ihren Websites oder per E-Mail die Aktion weiterleiten. Das tun sie natürlich umso lieber, je ungewöhnlicher, origineller und witziger eine Guerilla-Kampagne ist.

Einer der Gründe, weshalb Guerilla-Marketing-Kampagnen oft gleichzeitig so erfolgreich sein können und dennoch so niedrige Kosten verursachen, liegt daran, dass das Publikum selbst als Multiplikator wirkt. Es übernimmt sozusagen einen Großteil der Kosten der Vervielfältigung und Kommunikation nach außen.

Großer Vorreiter in Sachen Guerilla-Marketing ist *Mini*. Wenn Sie sich großartige Best-Practice-Beispiele für absolut gelungenes Guerilla-Marketing ansehen möchten, dann surfen Sie zu diesem Artikel im B!Blog von Dejan Novakovic: *http://ideen.fairmittlung.biz: Eedi´s Guerilla Marketing Collection: Best of MINI* oder laden Sie sich die pdf-Datei mit viel mehr Beispielen – alles Mini – herunter. Den Link finden Sie am Ende des oben genannten Artikels.

Mehr zum Thema?

Jay Conrad Levinson: Die 100 besten Guerilla-Marketing-Ideen. Frankfurt am Main 2006.
guerilla-marketing-portal.de
Guerilla-Marketing-Fachportal mit Beschreibung der Theorie, der Historie des Guerilla-Marketing, Praxisberichten, Unternehmen, Forum und Büchern
guerilla-marketing-blog.de
Thematisiert aktuelle Trends und Kampagnen aus dem Guerilla-Marketing
guerillamarketingbuch.com
Ein komplettes Buch über Guerilla-Marketing, das gratis als Blog im Internet steht.
brainwash.robertundhorst.de
Weblog der Robert & Horst Agenturgruppe und den webguerillas mit Best-Practice-Beispielen und Guerilla-Marketing-Themen.

Soziales Engagement

„Tue Gutes und rede darüber." So ließe sich – sehr vereinfacht ausdrücken, was mit diesem Marketing-Instrument gemeint ist. Bislang war *Corporate Citizenship*, wie das systematisch betriebene bürgerschaftliche oder soziale Engagement von Unternehmen für das Gemeinwohl genannt wird, eine Domäne der Großunternehmen. Aber auch für Sie kann es ein hervorragendes Mittel sein, um Ihrem Unternehmen Zugkraft zu verleihen.

Wenn Corporate Citizenship zum festen strategischen Bestandteil Ihrer Unternehmenskultur wird, können sowohl Ihr Unternehmen als auch das Gemeinwesen sehr davon profitieren.

Es gibt schon sehr viele Unternehmen, auch kleine und mittelständische, die sich für gesellschaftliche Belange einsetzen, aber sie tun das laut einer Studie des IfM Bonn zu über 80 Prozent ausschließlich durch Spenden und weitgehend unter Ausschluss der Öffentlichkeit. Damit nehmen sie sich natürlich die Möglichkeit, ihr Engagement zu nutzen, um ihr Unternehmen zugkräftiger werden zu lassen.

Vorteile für Ihr Unternehmen durch Coporate Citizenship

- ❏ Sie können die Bekanntheit Ihres Unternehmens erhöhen und Ihr Image verbessern. Dies geschieht durch die Projekte selbst oder zum Beispiel durch Teilnahme an Corporate-Citizenship-Wettbewerben, die eine hohe Öffentlichkeitswirksamkeit haben. Solche Wettbewerbe listet zum Beispiel das Bundesministerium für Wirtschaft und Technologie: *bmwi.de* → Mittelstand → Corporate-Citizenship
- ❏ Sie können sich mit Ihrem Unternehmen vom Mitbewerb durch Ihr soziales Engagement absetzen.
- ❏ Ihr Unternehmen übt eine höhere Zugkraft auf gute Mitarbeiter aus. Ihre bisherigen Mitarbeiter identifizieren sich stärker mit dem

Unternehmen, die Personalfluktuation sinkt und neue engagierte Mitarbeiter werden eher gefunden.
❏ Indem Sie Ihre Mitarbeiter in Corporate-Citizenship-Projekten einsetzen, fördern Sie deren Kommunikations- und Teamfähigkeit, Zielorientierung, Eigenaktivität, Kreativität sowie Sozial- und Führungskompetenz.
❏ Wenn Sie sich mit Corporate Citizenship befassen, erweitern Sie Ihren Horizont: Sie schauen genauer auf gesellschaftliche Entwicklungen, erkennen dadurch vielleicht eher Trends und können sich leichter in die Denkweise Ihrer Kunden hineinversetzen.
❏ Sie lernen neue Menschen in anderen als den gewohnten Umfeldern kennen und gewinnen dadurch möglerweise direkt neue Kunden. Ein funktionierendes direktes Umfeld ist besonders für Kleinunternehmer wichtig, um einen guten Kontakt zu Kunden, möglichen Kunden, Zulieferern und möglichen Mitarbeitern zu bekommen und zu halten.

Die Instrumente des Corporate Citizenship

Felix Dresewski hat in seinem Buch „Corporate Citizenship" mit dem Corporate-Citizenship-Mix neun Instrumente beschrieben, aus denen Sie sich die passenden herauspicken können:

1. Unternehmensspenden (Corporate Giving) ist der Oberbegriff für ethisch motiviertes selbstloses Überlassen, Spenden oder Zustiften von Geld oder Sachmitteln, sowie für das kostenlose Überlassen oder Spenden von Unternehmensleistungen, -produkten und -logistik.
2. Sozialsponsoring (Social Sponsoring) ist die Übertragung der gängigen Marketing-Maßnahme Sponsoring als ein Geschäft auf Gegenseitigkeit auf den sozialen Bereich, womit dem Unternehmen neue Kommunikationskanäle und der gemeinnützigen Organisation neue Finanzierungswege eröffnet werden.
3. Zweckgebundenes Marketing (Cause Related Marketing) ist ein Marketing-Instrument, bei dem der Kauf eines Produkts/

einer Dienstleistung damit beworben wird, dass das Unternehmen einen Teil der Erlöse einem sozialen Zweck oder einer Organisation als Spende zukommen lässt.
4. Unternehmensstiftungen (Corporate Foundations) bezeichnet das Gründen von Stiftungen durch Unternehmen – eine Art des Engagements, die auch von mittelständischen Unternehmen immer häufiger benutzt wird.
5. Gemeinnütziges Arbeitnehmer-Engagement (Corporate Volunteering) bezeichnet das gesellschaftliche Engagement von Unternehmen durch die Investition der Zeit, des Know-hows und Wissens ihrer Mitarbeiterinnen und Mitarbeiter und die Unterstützung des ehrenamtlichen Engagements von Mitarbeiterinnen und Mitarbeitern in und außerhalb der Arbeitszeit.
6. Auftragsvergabe an soziale Organisationen (Social Commissioning) bezeichnet die gezielte geschäftliche Partnerschaft mit gemeinnützigen Organisationen, die z. B. behinderte und sozial benachteiligte Menschen beschäftigen, als (gleichfalls kompetente und konkurrenzfähige) Dienstleister und Zuliefererbetriebe, mit der Absicht, die Organisationen durch die Auftragsvergabe zu unterstützen.
7. Gemeinwesen Joint-Venture (Community-Joint-Venture) bezeichnet eine gemeinsame Unternehmung von einer gemeinnützige Organisation und einem Unternehmen, in die beide Partner Ressourcen und Know-how einbringen und die keiner allein durchführen könnte.
8. Lobbying für soziale Anliegen (Social Lobbying) bezeichnet den Einsatz von Kontakten und Einfluss des Unternehmens für die Ziele gemeinnütziger Organisationen oder für Anliegen spezieller Gruppen im Gemeinwesen.
9. Soziales Risiko-Kapital (Venture Philanthropy) bezeichnet unternehmerisch agierende Risiko-Kapitalgeber, die für eine begrenzte Zeit und ein bestimmtes Vorhaben sowohl Geld als auch Know-how in gemeinnützige Organisationen investieren.

Wo können Sie sich engagieren?

Die meisten Unternehmen engagieren sich in den Bereichen Soziales, Kultur, Sport und Bildung. Aber das Feld ist viel größer: Sie können sich für Arbeit und Ausbildung, für Behinderte, in der Stadtteil- und Gemeinwesenarbeit, für gesundheitliche Belange, für internationale Projekte, für Kinder, Jugendliche und Familien oder für den Umweltschutz stark machen.

Um die zu Ihrem Unternehmen passenden Einrichtungen zu finden, hören Sie sich in Ihrer Region um, recherchieren Sie im Internet, fragen Sie gemeinnützige Organisationen.

Wenn Sie sich für Ihre Corporate-Citizenship-Projekte entschieden haben, können Sie entweder recht spontan mit den betreffenden Organisationen zusammenarbeiten, längerfristige Kooperationen eingehen oder eine regelrechte Corporate-Citizenship-Strategie für Ihr Unternehmen erarbeiten, in der die Bereiche Ihres Engagements auf übergeordnete Unternehmensziele ausgerichtet sind. Vorteil der kurzfristigeren Vorgehensweise: Sie sind schneller handlungsbereit als bei den längerfristigen. Nachteil: Durch die fehlende Kontinuität ist der Imagegewinn für Ihr Unternehmen geringer und das Arbeiten an Ihrem Corporate Citizenship weniger effizient, weil Sie ständig über das Budget und der Umfang der eingesetzten Ressourcen neu entscheiden müssen.

Corporate-Citizenship in der Praxis

 Das Bundesministerium für Wirtschaft und Technologie informiert auf seinen Internet-Seiten sehr ausführlich über Corporate Citizenship. Unter anderem werden dort ganz konkrete Projektideen aufgezählt: bmwi.de → Mittelstand → Corporate Citizenship → 10 Projektideen

Allerdings sei hier eine Warnung gleich mitgeschickt: Die Nutzung dieses Marketing-Instruments ist recht heikel. Sie müssen es sehr bewusst und achtsam einsetzen. Soziales Engagement eines Unternehmens kann sich, falsch interpretiert oder eingesetzt, als Bumerang erweisen und dem Ruf Ihres Unternehmens mehr schaden als nutzen. Die Gefahren:

- Es ist schwierig Gutes zu tun *und* darüber zu reden und dennoch glaubwürdig zu wirken.
- Es ist ein recht langwieriger und schwieriger Prozess, in der Öffentlichkeit ein Bewusstsein für Ihr Engagement zu schaffen. Gibt es jedoch einmal eine Verfehlung, pfeifen das sofort die Spatzen von den Dächern.
- Wenn Sie einmal anfangen, Gutes zu tun, machen Sie sich auf Vorwürfe gefasst, dass man es als zu wenig empfindet.

Mehr zum Thema

- Felix Dresewski, *Corporate Citizenship. Ein Leitfaden für das soziale Engagement mittelständischer Unternehmen*. Berlin 2004, S. 21f.
- Corporate-Citizenship im deutschen Sozialstaat von Holger Backhaus-Maul. Bundeszentrale für politische Bildung: *bpb.de/publikationen/E7NGH7,0,0,Corporate_Citizenship_im_deutschen_Sozialstaat.html*
- Aktive Bürgerschaft online. Informationsportal für Bürgerstiftungen, Corporate Citizenship, Dritte-Sektor-Forschung, Nonprofit Management und Bürgerengagement. *aktive-buergerschaft.de*
- 4managers.de/themen/corporate-citizenship/
- bmwi.de/BMWi/Navigation/Mittelstand/corporate-citizenship.html

Teilnahme an Messen

Messen können ein ausgezeichnetes Marketing-Instrument sein, mit dem Sie mehrere Fliegen mit einer Klappe schlagen: Sie steigern die Bekanntheit Ihres Unternehmens, gewinnen Neukunden, können Ihre Produkte und Dienstleistungen präsentieren und Stammkundenpflege betreiben. Sie unterstreichen Ihre Präsenz in der Branche, können direkt mit Ihren Kunden sprechen und sich gegenüber ihrem Wettbewerb positionieren. Sie haben als Aussteller auf einer Messe wenig Streuverluste und erreichen Ihre Zielgruppe ohne Umweg.

Quantitative Ziele der Messebeteiligung	1999	2004
Bekanntheit steigern	85 %	92 %
Neukundengewinnung	70 %	92 %
Präsentation von Produkten/Leistungen	63 %	90 %
Stammkundenpflege	70 %	89 %

Quantitative Ziele für Messebeteiligungen laut einer Studie der AUMA 2004

Den größtmöglichen Nutzen erzielen Sie natürlich, wenn Sie eine Messe professionell und engagiert vorbereiten, durchführen und nachbereiten.

Grundsätzlich können Sie Messen entweder als Besucher oder als Aussteller aufsuchen. Beide Positionen bieten Vor- und Nachteile. Für welche Sie sich entscheiden, hängt von den Zielen ab, die Sie erreichen wollen und natürlich auch von Ihrem Budget. Ganz billig sind Messen für Aussteller nämlich nicht.

Ihre Vorteile als Besucher:

- ❏ Kosten- und Zeitaufwand sind erheblich (!) geringer.
- ❏ Sie sind räumlich und zeitlich flexibel, können wann immer und wo immer Sie wollen, auf der Messe herumlaufen, aktiv neue Kontakte machen oder bestehende pflegen.
- ❏ Sie können sehr gezielt vorab Termine mit Standinhabern Ihres Interesses machen. Wenn Sie als Aussteller an Ihren Stand gebunden sind, wird ein persönliches Zusammentreffen mit anderen Ausstellern ungleich schwieriger, weil auch diese selten ihren Stand verlassen können.
- ❏ Als „anonymer" Gast haben Sie es viel leichter, eine Messe zur Marktanalyse zu nutzen: zu schauen, wie es die anderen machen, sich umzutun, wo welches Innovationspotenzial präsentiert wird,

wie es präsentiert wird, sich ein Bild darüber zu machen, welche Präsentationsformen Sie besonders gelungen finden, welche nicht und warum.

Ihre Vorteile als Aussteller:

- Ihnen winkt ein deutlich höherer Imagegewinn als bei einem Auftritt als Gast.
- Sie haben deutlich höheren PR-Nutzen, allein durch die Veröffentlichungen der Messeveranstalter, die fast immer an mehreren Stellen die Aussteller kommunizieren.
- Indem Sie aktiv Ihre Ausstellerpräsenz auf einer Messe kommunizieren, haben Sie diverse gute Anlässe, um selbst Pressemitteilungen zu versenden.
- Ihre Kunden oder andere wichtigen Kontaktpartner kommen zu Ihnen, Sie müssen nicht „Klinken putzen".
- Die Besucher Ihres Standes bekommen einen sehr viel umfangreicheres Bild von Ihrem Unternehmen, als wenn Sie an anderen Ständen ein kleines PR-Mäppchen abgeben. Die Präsentation von Produkten oder Dienstleistungen ist viel umfassender möglich.
- Sie können als Aussteller viel eher werbewirksame zusätzliche Aktionen veranstalten. Als Gast ist Ihnen das seitens der Messeleitung meist nicht erlaubt.
- Wenn Sie Mitarbeiter und/oder geschultes (und Ihr Unternehmen gut kennendes!) Standpersonal haben, können Sie während einer Messe ungleich mehr Kontakte pflegen als wenn Sie allein umhertingeln.
- Sie haben als Aussteller deutlich größere Chancen, erfolgreich Medienvertreter zur Messe einzuladen.

Messeteilnahme als Besucher – Step by Step

Sich einfach spontan in den Zug oder ins Auto zu schwingen, zu einer Messe zu fahren und gemütlich durch die Hallen zu schlendern, entwickelt natürlich keine Zugkraft für Ihr Unternehmen. Gehen Sie es professionell an:

- *Ziele definieren:* Was wollen Sie durch Ihre Messebesuche erreichen? Welche Zielgruppen wollen Sie ansprechen?
- *Recherche:* Finden Sie heraus, wann und wo Messen stattfinden, die für Ihr Unternehmen interessant sind. Stellen Sie eine Kosten-Nutzen-Rechnung auf, bevor Sie entscheiden, an welchen Messen Sie teilnehmen. Je weiter die Messe entfernt ist, desto höher sind natürlich Zeit- und Geldaufwand. Entsprechend höher müsste der Nutzen sein, den Sie sich vom Besuch einer weit entfernt liegenden Messe versprechen. Arbeiten Sie ausschließlich in Ihrem regionalen Umfeld, ist eine weite Messe-Reise wahrscheinlich gar nicht direkt-wirtschaftlich sinnvoll für Sie. Außer Sie wollen einmal den Blick über den Gartenzaun riskieren.
- *Aktionen planen und vorbereiten:* Vielleicht ist einer Ihrer Netzwerkpartner auf der Messe mit einem Stand vertreten. Wenn es Synergieeffekte gibt, überlegen Sie, ob Sie gemeinsam eine Promotion-Aktion auf der Messe veranstalten wollen, für die Sie sich die Kosten dann teilen. Sie könnten etwa gemeinsam eine Happy Hour auf dem Stand veranstalten; einen Walking Act engagieren, der Besucher zu einer vielleicht ebenfalls gemeinsam veranstalteten Pressekonferenz zieht oder einen Workshop oder einen Vortrag zusammen erarbeiten, der Platz im Begleitprogramm der Messe findet.
- *PR:* Wenn eine solche Aktion mit Ihrer Beteiligung stattfindet, müssen natürlich die Medien davon erfahren und sie muss im jeweiligen Internet-Auftritt erscheinen.
- *Kontakte planen:* Überlegen Sie sich, wen Sie auf der Messe gern treffen möchten oder welche Aussteller Sie zu welchem Zweck besuchen wollen.

- *Präsentationsmaterial vorbereiten:* Sind Ihre Unternehmenspräsentationen aktuell und für Ihre Zielgruppen auf der Messe zugeschnitten? Sonst erarbeiten Sie spezielle schriftliche und mündliche (s. Kapitel Elevator Pitch, Seite 43) Präsentationen für die Messe. Nicht vergessen, Visitenkarten in ausreichender Anzahl drucken zu lassen.
- *Organisatorisches:* Denken Sie daran, sich rechtzeitig die Tickets für die Messe zu kaufen sowie gegebenenfalls eine Übernachtungsmöglichkeit zu buchen. Besonders bei großen Messen sind viele Hotels kurz vor dem Termin oft ausgebucht. Und, so banal es klingt: Tragen Sie bequeme Schuhe. Es ist sehr anstrengend, den ganzen Tag über eine Messe zu gehen.
- *Der Messebesuch:* Wenn Sie vor Ihren ersten Terminen genügend Zeit haben, machen Sie zunächst einen kleinen Rundgang, um sich einen Überblick zu verschaffen und um die Atmosphäre dieser Messe aufzunehmen. Nehmen Sie sich vor Ihren vorab verabredeten Gesprächsterminen ein paar ruhige Minuten, um sich mental auf das Gespräch und Ihr Gegenüber einzustimmen. Führen Sie Ihre Gespräche so entspannt aber auch so knapp wie möglich, auf einer Messe jagen sich für die meisten die Termine, sodass niemand Zeit zu verschenken hat. Machen Sie sich nach den Gesprächen in einem halbwegs ruhigen Eckchen Notizen für Ihre Nachbereitung.
- *Visitenkarten von neuen Kontakten:* Auch hier der Tipp, dass Sie sich schnellstmöglich Stichworte zum Visitenkartengeber notieren, damit Sie hinterher noch wissen, was von wem kam, wie und ob Sie nachbereiten müssen.
- *Nachbereitung:* Arbeiten Sie möglichst zeitnah nach einer Messe Ihre Hausaufgaben ab. Verschicken Sie, was Sie zugesagt hatten, telefonieren Sie an den verabredeten Terminen, bauen Sie aus, was Sie auf der Messe angezettelt haben. Und vielleicht hat sich auf der Messe ja sogar etwas ergeben, das noch einmal Anlass zu einer Pressemitteilung sein könnte.

Checklisten Messeteilnahme als Aussteller

Ihr Unternehmen muss natürlich mehr Zeit und Kosten aufwenden, wenn Sie selbst Aussteller sind. Da es zu diesem Thema eigene Bücher und sehr viele Informationen im Internet (siehe Literatur- und Linkliste) gibt, listen wir hier nur stichwortartig auf, welche Kosten Sie einplanen müssen und was zu tun ist.

Checkliste Kosten Ihrer Messeteilnahme als Aussteller:

- ❏ Kosten durch den Messeveranstalter: Standmiete, Energiekosten, Anmeldegebühren
- ❏ Zusätzliche vom Messeveranstalter erhobene Kosten, etwa eine Medienpauschale
- ❏ Transportkosten Ihres Stand-Equipments (Spedition), Verpackung
- ❏ Versicherungen
- ❏ Kosten für Standgestaltung und -bau: Konzeption, Auf- und Abbau, Dekoration, Miete Standeinrichtung
- ❏ Service- und Werbekosten: Ausstellerausweise, Visitenkarten, Parkgebühren, Freikarten, Messe-Einladungen, Bewirtung, Werbegeschenke für Besucher, Eintrag im Messekatalog, Präsentations-Drucksachen, Standdekoration zur Präsentation Ihrer Produkte/Dienstleistungen, Kosten für Telefon, Fax, Internet, Kosten für zusätzliche Aktionen wie Walking-Acts, Pressekonferenz, Kosten für PR vorher, währenddessen und eventuell hinterher
- ❏ Personal- und Reisekosten: Fahrtkosten, Standbesetzung, Übernachtung, Verpflegung, Verdienstausfall

Checkliste Zeitliche Planung Ihrer Messeteilnahme

Neun bis zehn Monate vorher: Ziele definieren; geeignete Messen recherchieren; Teilnahmeantrag an die betreffende Messe schicken; Grobkosten planen; checken, ob es Fördermöglichkeiten gibt; eventuell (mehrere) Partner für einen Gemeinschaftsstand suchen; Budget kalkulieren; interne Verantwortlichkeiten festlegen.

Sechs Monate vorher: Konkretes Messekonzept ausarbeiten (lassen); Messeteam auswählen; Hotels buchen; Stand-Exponate auswählen oder herstellen (lassen); Werbe- und PR-Konzept ausarbeiten; mit Werbung und PR beginnen; Teilnahmebestätigung an Messeveranstalter schicken; Standaufbaufirma kontaktieren und beauftragen

Drei bis vier Monate vorher: Besucher gezielt einladen; PR intensivieren; technische Dienstleistungen bestellen; Werbe- und PR-Möglichkeiten des Messeveranstalters checken und ordern; Messeteilnahme im Unternehmens-Internet-Auftritt kommunizieren; Präsentationsmaterialien checken und gegebenenfalls aktualisieren oder speziell erstellen; Messeteamschulung beginnen; Organisatorisches und Transport klären und ordern.

Ein Monat vorher: Messeteam und Standpersonal gezielt vorbereiten; letzte organisatorische und logistische Details klären.

Während der Messe: Anwesenheit auf dem Stand zwecks Erreichbarkeit für interessante neue Kontakte; Kundengespräche; Pressetermine; eigenes Messe-Begleitprogramm wahrnehmen; Stände und Präsentationen des Mitbewerbs ansehen, Druckunterlagen sammeln; Kontakte zu anderen Ausstellern pflegen; Messe-News im Internet oder per Newsletter veröffentlichen; Ideen sammeln.

Nach der Messe: Kundenanfragen bearbeiten; Kontakte nachbearbeiten, Zusagen, die während der Messe gemacht wurden, einlösen; Medienberichte auswerten; eigene Messeteilnahme analysieren (Kosten- und Nutzenverhältnis); Ideen auswerten, Eindrücke und Unterlagen des Mitbewerbs analysieren und auswerten; Nachbereitende PR.

Mehr zum Thema

❏ Elke Clausen: *Messemarketing – So führen Sie Messen zum Erfolg.* Göttingen 2005.
❏ [1] Bernd Röthlingshöfer: *Werbung mit kleinem Budget.* München 2004. Darin das Kapitel „Bühne frei für Ihre Messe".
❏ 36-seitiges pdf: Messe-Checkliste *deka-messebau.de/img/checkliste.pdf*
❏ [2] 20-seitiges pdf: Die erfolgreiche Messe. Ein Leitfaden für Aussteller. *fairbz.it/doc/Messeleitfaden_30.05.pdf*
❏ 9-seitiges pdf des Schweizer KMU-Portals *eStarer.ch*: Mit klaren Zielen zum Erfolg *kmuhelp.ch/_pdf/KMUN_200506_Messeauftritt.pdf*
❏ Werden ständig aktualisiert: Top 10 Wissen-Links zum Thema Messen und Ausstellungen. *managementwissen-messen-und-ausstellungen.de*
❏ Für Aussteller, die das Kosten-Nutzen-Verhältnis ihrer Messebeteiligungen genauer berechnen wollen: Messenutzencheck *auma.de/mnc/mnc.html*

Teilnahme an Business-Wettbewerben

Nein, wir empfehlen Ihnen nicht, bei Preisausschreiben mitzumachen. Wir sprechen von der Teilnahme an Business-Wettbewerben, die Sie hervorragend nutzen können, um Ihrem Unternehmen Popularität und Imagezuwachs zu bescheren. In Business-Awards werden Unternehmen oder Unternehmer für unterschiedliche Leistungen im wirtschaftlichen oder unternehmerischen Bereich ausgezeichnet. Das Spektrum der prämierten Leistungen reicht von erfolgreicher Gründung über Arbeitsbedingungen, Nachhaltigkeit, bis hin zu Initiativen für die berufliche Aus- und Weiterbildung. Zudem gibt es Produkt- und Kreativpreise.

Dieses Instrument nennt sich Award-Marketing. Und macht, wie jedes strategisch eingesetzte Marketing-Instrument, eine Menge Arbeit, wenn es nutzbringend für Ihr Unternehmen sein soll. Mal eben ein beliebiges Teilnahmeformular auszufüllen, reicht nicht. Die Arbeit beginnt schon bei der Auswahl der richtigen Wettbewerbe. Inzwischen gibt es bundesweit und regional über 400 Business-Wettbewerbe. An vielen können Sie sogar mehrfach teilnehmen. Wegen des nötigen Aufwands sollten Sie sich aber entlang strategischer Auswahlkriterien auf sehr wenige Wettbewerbe beschränken. Checken Sie also die einzelnen Awards gründlich:

❏ *Ziele:* Was wollen Sie mit einer Teilnahme erreichen? Die Bekanntheit Ihres Unternehmens, Ihrer Produkte/Dienstleistungen – bundesweit, regional? – steigern? Das Image Ihres Unternehmens fördern? Hohe Preisgelder einstreichen? Neue Geschäftskontakte generieren?

❏ *Zielgruppe:* Erreichen Sie mit einer Teilnahme, den Veröffentlichungen über den Wettbewerb Ihre Zielgruppen? Wird in den Medien darüber berichtet, die von Ihren Zielgruppen wahrgenommen werden?

❏ *Kosten versus Nutzen:* Unterschätzen Sie nicht den Zeit- und Energieaufwand. Kalkulieren Sie sorgfältig, wie viel Zeit eine Teilnahme beanspruchen wird und überlegen Sie, ob Aufwand und (möglicher) Nutzen für Sie in gesundem Verhältnis stehen. Wenn nicht: Es gibt genügend andere Wettbewerbe.

❏ *Preisgeld:* Allein von seiner Höhe sollten Sie eine Teilnahme keinesfalls abhängig machen, denn Sie können nicht auf einen Gewinn spekulieren. Und der reputative sowie der PR-Gewinn ist viel wichtiger für Ihr Unternehmen als ein paar Euro mehr oder weniger in der Kasse.

 Sie können sich den ganzen Aufwand, an einem Wettbewerb teilzunehmen gleich schenken, wenn Sie die Bewerbungsunterlagen so „mal eben" nebenbei runterschreiben. Behandeln Sie die Bewerbung als wichtiges Projekt, das Sie wie Ihre Kundenprojekte auch gut strukturieren und mit Sorgfalt bearbeiten.

Für die Bewerbungsschreiben gilt das Gleiche wie für alle Marketing-Texte Ihres Unternehmens: Texten Sie einfach, exakt und einfallsreich. Schreiben Sie bildhaft und binden Sie Bilder, Grafiken, Tabellen und Diagramme ein, wo das sinnvoll ist und der Veranschaulichung dient. Bei der Teilnahme an Business-Awards ist es wie bei Ihren Corporate-Citizenship-Projekten: Tun Sie es hinter verschlossenen Türen, erreichen Sie keinen Zugkraft-Effekt für Ihr Unternehmen. Deshalb beherzigen Sie folgende Regeln:

- ❏ Kommunizieren Sie schon Ihre Teilnahme an einem Award angemessen, erst recht natürlich eine Platzierung auf den vorderen Plätzen oder gar einen Sieg.
- ❏ Dass Sie dem jeweiligen Wettbewerbs-Veranstalter aussagekräftiges und professionelles Material über Ihr Unternehmen für seine PR zur Verfügung stellen, versteht sich von selbst.
- ❏ Verlassen Sie sich aber nicht nur auf die Promotion seitens des Veranstalters. Werden Sie selbst aktiv und kommunizieren Sie Ihre Wettbewerbsteilnahme unternehmensintern zur Motivierung Ihrer Mitarbeiter als auch nach außen zwecks Imagegewinn und um Kontakte aufzubauen und zu pflegen. Ihr Engagement in einen Business-Wettbewerb ist eine vertrauensbildende Maßnahme („Ah, die stellen sich der Prüfung durch außenstehende Instanzen") und daher auch ein ausgezeichnetes Instrument zur Kundenbindung.

Weiterführender Link

biz-awards.de – Portal, das zurzeit über 400 Business-Awards in diesen Kategorien listet: Unternehmer, Gründer, Personaler, Qualität, Innovation, IT/Internet, Marketing, Engagement, Umwelt, Junior.

Listing in Verzeichnissen

Verzeichnisse – offline, aber noch viel mehr online – sind etwas Wundervolles, denn sie schaffen Ihnen eine kostenlose Präsentationsmöglichkeit. So lange also ein Verzeichnis nicht unseriös daher kommt (und Ihre Daten nicht für Werbezwecke weiter gegeben werden, was in AGB oder Aufnahmebedingungen ersichtlich ist), sollten Sie sich eintragen. Sie haben schließlich nichts zu verlieren. Im Internet etwa sind Portale mit vielen Visits (also große Portale) besonders gut für Ihr Page-Ranking. So wertet Google auch aus, wie oft von großen Sites auf Sie verwiesen wird.

Manche Einträge in Verzeichnisse kosten Geld, aber nicht immer zu Recht. Wenn Sie zum Beispiel als Lektor überlegen, sich in eine kostenpflichtige Lektoren-Datenbank einzutragen, machen Sie die Probe aufs Exempel und versetzen Sie sich in die Lage Ihres Kunden. Wenn dieser ein Lektorat sucht, gibt er vermutlich „Lektor" oder „Lektorat" in eine Suchmaschine ein. Das tun nun auch Sie. Erscheint der kostenpflichtige Eintragsdienst nicht sehr weit oben, mindestens aber auf Seite 1 der Suchmaschineneinträge, können Sie ihn getrost vergessen und sich nach lukrativeren Orten umschauen. Städte und Kommunen bieten beispielsweise oft Verzeichnisse, in die sich regionale Unternehmen eintragen können. Und dass Sie in keiner Ihr Fachgebiet betreffenden Expertenliste fehlen dürfen, ist ohnedies selbstverständlich.

 Auch wenn gerade online ein Eintrag schnell gemacht ist: Nehmen Sie sich Zeit und geben Sie sich Mühe. Wenn Sie etwa Stichworte oder gar eine kurze Vorstellung zuzüglich zu Adresse und vorgefertigten Masken eingeben können – wählen Sie diese Freieinträge mit Bedacht. Unter welchen Schlagwörtern möchten Sie gefunden werden? Wie genau möchten Sie sich präsentieren? Vergessen Sie auch nicht, Ihre Einträge nach einem Umzug zu aktualisieren.

Mailings

Kommen wir zum Klassiker unter den Marketing-Instrumenten: dem Mailing. Was ein Mailing ist? Eine persönlich adressierte Massensendung. Ihr Ziel: Absatzförderung, Kundenbindung und Neukundengewinnung aber auch Öffentlichkeitsarbeit. Wie ein gutes Mailing ist? Eines, das dennoch persönlich wirkt. Wie Sie das bei einer Massensendung erreichen können? Einmal mehr, indem Sie Ihre Zielgruppe kennen. So halten Sie auch Streuverluste möglichst gering – und das spart zumindest beim Versenden mit der Post bares Geld.

Beispiele für Mailings zu verschiedenen Anlässen

Absatzförderung: Der TÜV naht – Ihre Autowerkstatt denkt mit und schickt Ihnen eine Erinnerung zu.
Kundenbindung: Für viele Unternehmer endet der Dialog mit dem Kunden, wenn das Geschäft getätigt ist. Wenn man sich aber individuell um sie bemüht, kommen Kunden auch gern wieder. Ein Beispiel: Mit einer Offline-Mailing-Aktion lädt der Hallenser Zirkus-Theaterpädagoge Jürgen Wiehl seine ehemaligen kleinen Zirkusartisten zu einem Dia-Abend ein – alte Bilder der Kinder werden gezeigt und sie können einander wiedersehen. Natürlich sind die Eltern der Kinder auch dabei. Und vielleicht haben einige von ihnen ja sogar „Nachwuchskinder" und werden so an das Zirkusangebot erinnert.
Neukundengewinnung: Ein Versandhändler möchte seine Drucker mit einem kleinen Rabatt an Gründer verkaufen. Er erkundigt sich – zum Beispiel in der Datenbank der Deutschen Technologie- und Gründerzentren – nach geeigneten Adressaten.
Öffentlichkeitsarbeit: Ein städtisches Unternehmen gewinnt eine Auszeichnung für Umweltfreundlichkeit. Dies nimmt es als Anlass für ein Mailing und tut auf diese Weise etwas für sein Image.

Klasse statt Masse

Massensendungen setzen auf das Prinzip Zufall. Sie fluten die Welt mit Werbebriefen, Bestellheften, Infoschreiben und Versandhauskatalogen. Das ist für den Versender ziemlich teuer und für den Empfänger ziemlich nervig. Anders gesagt: Es ist SPAM. Und weil die meisten Menschen heutzutage bei liebloser Massenabfertigung nicht nur werbemüde geworden sind, sondern auch keine Lust mehr haben, ständig mit Bergen von Werbepost zum Altpapier zu laufen oder die Hälfte ihrer täglichen Mails ungelesen zu löschen, gibt es heute SPAM-Filter und diese wunderschönen Aufkleber an Briefkästen „Keine Werbesendungen einwerfen".

Aber ein gutes Mailing ist anders. Es geht an einen ausgewählten Kreis – und es bietet etwas an, das dieser Kreis auch wirklich schätzen kann. Zudem beweist es, dass man sich mit dem Adressatenkreis beschäftigt hat. Eher kontraproduktiv für das eigene Ansehen etwa wäre es, einem potenziellen Kunden ein Angebot zum Überarbeiten seiner Website zuzusenden, wenn dieser gerade erst seinen Relaunch hinter sich hat. Und ein Unternehmen mit medizinischem Schwerpunkt und Fachtextanspruch dürfte sich bestenfalls wundern, wenn der engagierte freiberufliche Texter sich in seinem Mailing als „der perfekte Externe" anpreist und als seine Arbeitsschwerpunkte Familie und „Alles rund ums Kochen" nennt. Die Werbesendung für das Fitnesscenter wird dem Rentner, dem jüngst ein Bein amputiert wurde, im besten Fall ein trauriges Lächeln entlocken; Rechtsanwälte besuchen selten kostspielige Fortbildungen zum Ergotherapeuten und Frauen brauchen kein Viagra.

Auch für Ihr Unternehmen gilt: *Verschiedene Produkte haben unterschiedliche Zielgruppen.* Und jede Zielgruppe „tickt" anders, möchte anders angesprochen und an einem anderen Ort „abgeholt" werden, wie man so schön sagt.

Sie bieten Familientherapie-Coachings an, aber auch Beratung für Selbstständige in der Gründungsphase? Dann sollten Sie für beide Zielgruppen unterschiedliche Mailings erstellen und nicht Ihre Firma oder Dienstleistung als Ganzes bewerben. Sie texten für Künstler, Werbeagenturen und Steuerberater? Jede dieser Zielgruppen hat eine eigene Sprache. Bei Werbeagenturen darf es ruhig etwas kreativer sein, bei Steuerberatern lieber etwas sachlicher.

Wie Sie die Menschen auswählen, die Sie mit Ihrem Mailing erfreuen möchten? Am besten spielen Sie „Wünsch dir was". Gehen Sie zum Beispiel im Internet auf die Suche, finden Sie Ihre Wunschkunden und schreiben Sie diese an. Massensendungen können bei Massenprodukten – zum Beispiel Möbeln, Lebensmittel – sinnvoll sein. In der Regel aber sind sie rausgeworfenes Geld.

Mailings texten

Natürlich muss ein Mailing nicht nur gut positioniert, sondern auch ansprechend getextet sein. Hier kann man eine Menge falsch und Vieles richtig machen. Bei der Anrede zum Beispiel. „Agile Frau Meier!" oder „Neugieriger Herr Schmitz!" geht gar nicht. Ebenso wenig klassische Geschlechter-Verwechslungen wie „Sehr geehrter Sabine Paulsen" oder Dubletten-Sendungen aufgrund einer schlecht gepflegte Datenbank.
Außerdem sollten Mailings kurz sein: alles auf den Punkt gebracht, prägnant, kein Satz zu viel. Der Mailing-Leser tut uns einen großen Gefallen, wenn er unsere Werbung liest. Wir sollten es ihm mit Respekt danken und seine Geduld nicht überstrapazieren. Wer über das spezielle Angebot des Mailings weitere Informationen unterbringen möchte, legt einen Prospekt oder einen Folder bei oder verweist auf die eigene Homepage.
Das A und O ist der Produktnutzen: Wecken Sie nicht nur Sehnsüchte, kommunizieren Sie auch klar und deutlich, wie Ihr Unternehmen – oder Ihre Produkte – diese erfüllen werden. Außerdem ist ein gutes Mailing auch von der Sprachwahl her persönlich und nicht im klassischen „Werber-Sprech" gehalten – den riechen viele Leser drei Meilen gegen den Wind und lesen erst gar nicht weiter. Wenn Sie Menschen erreichen wollen: Machen Sie ein Angebot von Mensch zu Mensch.
Wie ein Mailing aufgebaut ist? Text-Fachfrau Biggi Mestmäcker *(biggi-mestmaecker.de)* nennt die Kriterien:

Checkliste Mailings texten

- ❏ Ein aussagekräftiger Betreff macht neugierig
- ❏ Persönliche Anrede verwenden
- ❏ Klartext schreiben und sofort zur Sache kommen
- ❏ Übersichtliche Gliederung und geschickte Formatierung: Fettdruck sparsam, aber sinnvoll einsetzen
- ❏ Kurze, aktive und ansprechende Sätze sorgen für Verständnis.
- ❏ Nichtssagende Füllwörter vermeiden, konkret bleiben

- Nicht die Qualität des Angebots, sondern den Kundennutzen betonen: Reden Sie von „Sie bekommen" statt „Wir bieten". Nicht: „Wir texten besser", sondern: „Sie sparen Zeit und Nerven."
- Stets positiv formulieren, durch Fragen Emotionen wecken: „Finden Sie nicht auch ...?"
- Den Leser so persönlich wie möglich ansprechen
- Ehrlich bleiben und nicht übertreiben, Superlative sind tabu
- Konkrete Handlungsaufforderung formulieren, eine Reaktion so leicht wie möglich machen
- Das PS wird oft zuerst gelesen: Nutzen Sie diesen Umstand aus und platzieren Sie wichtige Information dort

Quelle: Ackstaller, Evers, Hacke: *Treffpunkt Text*, Frankfurt am Main 2006

Außerdem wichtig bei Offline-Sendungen: der *Briefumschlag*. Er stellt den ersten Kontakt zum Kunden her und darf noch nicht einmal aus hundert Metern Entfernung nach Werbesendung riechen – denn dann landet er in 99 Prozent aller Fälle sofort im Mülleimer.

Eine *Antwortkarte oder einen Bestellschein* beilegen. Der Leser soll reagieren – das ist schließlich das Ziel eines Mailings. Und deshalb sagt man ihm am besten ganz konkret, wie er das macht.

Im Offline-Mailing können Sie auch *Warenproben* mitsenden. Bei textlich erklärungsbedürftigen Produkten – etwa Stoffen – ist das ein großer Vorteil.

 Kleine Geschenke erhalten nicht nur die Freundschaft, sondern helfen auch beim Erstkontakt. Erlaubt ist, was gefällt, persönlich und nicht zu teuer ist und zur Zielgruppe passt: beim Offline-Mailing etwa eine kleine Schachtel mit Schokoladenbuchstaben: „Damit Ihnen auch in Zukunft jedes Wort auf der Zunge zergeht: Textstudio Beispielmann" oder beim Online-Mailing ein Bonus, der gleich dazu einlädt, sich einmal genauer auf Ihrer Site umzusehen – etwa ein kleines und leichtes, der Zielgruppe angepasstes Gewinnspiel mit Online-Kreuzworträtsel für Neukunden. Der Hauptgewinn: die Stunden Ihrer Arbeit gratis.

Der richtige Zeitpunkt

Auch das Versenden von Mailings will gut getimt sein. Kurz vor der Buchmesse liest kein Redakteur der Welt die Bewerbung eines Lektors und nach Ende der Messe ist das Mailing vermutlich im Eingangsordner wieder weit, weit nach unten gewandert. Kurz vor einer großen Infoveranstaltung wird der potenzielle Kunde anderes zu tun haben, als sich Gedanken über die Zusammenarbeit mit externen Gutachtern zu machen. Informieren Sie sich auch hier gründlich und schließen Sie zumindest leicht erkennbare Stolpersteine aus.

So planen Sie Ihre Mailing-Aktion

1) Zielgruppe bestimmen
2) Ziele formulieren
3) Angebot festlegen
4) Konzept entwickeln
5) Erwarteten Erfolg kritisch hinterfragen und, wo möglich, schon vorher optimieren

Kleines Helferlein: Die Datenbank

Beim Erstellen von Mailings können Computerprogramme gute Dienste leisten: Am wichtigsten ist Ihre Adressdatenbank. Erfassen Sie Ihre Kunden und deren Daten von Anfang an elektronisch und pflegen Sie Ihre Datenbank gut: Sie ist für Sie ein unschätzbares Kapitel.
In eine Kundendatei gehört zum Beispiel:

- Adressdaten: Firmenname, Ansprechpartner, Anschrift, Telefon, Fax, E-Mail, Skype etc.
- Geburtsjahr des/der Ansprechpartner. Falls das nicht möglich ist, bilden Sie zumindest Kategorien: bis 20, bis 30 …
- Tätigkeit und Status: Entscheider? Falls nicht: Mitentscheider notieren.

- Nutzer oder Wiederverkäufer: Diese Information ist besonders wichtig für das Verkaufsgespräch oder die Argumentationsführung im Mailing.
- Kundentyp: Neukunde, Stammkunde, Laufkunde, Gelegenheitskäufer usw.
- Kundenklassen, gestaffelt nach Umsatz von AA-Kunde/sehr hoher Absatz bis CC-Kunde/sehr geringer Absatz; gestaffelt nach Abschlusswahrscheinlichkeit in laufenden Verhandlungen: aa für sehr wahrscheinlich, cc für sehr unwahrscheinlich
- Zahlungsmoral: Verlangen Sie bei Nichtzahlern An- oder Abschlagszahlungen.
- Persönlichkeit: kritisch, nörgelig, geizig, redselig, neugierig etc. Drei Klassen helfen bei der Ersteinschätzung: pflegeleicht, normal, schwierig.
- Specials: Was wissen Sie sonst noch über den Kunden/Ihren Ansprechpartner: Firmenjubiläum, wichtige Messen, Ansprechpartner ist Familienvater, Hobbys etc.
- Kontaktdokumentation: Wann? Mit wem? Über was? gesprochen – und das Ergebnis festhalten.

Pflegen Sie Ihre Datenbank nicht nur, nutzen Sie sie auch. Gratulieren Sie zu Geburtstagen und bieten Sie mit gutem Vorlauf vor nahenden Firmenjubiläen Ihre Dienstleistung an.
Wenn Ihre Datenbank nicht ausreicht oder Sie neue Geschäftsfelder erschließen wollen, können Ihnen Adressverlage weiter helfen, die Adressen aufkaufen, bewerten, kategorisieren und zur Nutzung zur Verfügung stellen. Einige dieser Anbieter sind: *az-direkt.com*, *schober.de* oder *deutschepost.de*. Auf den Seiten der Post finden Sie auch alles zu Konditionen rund um die Versendung von Offline-Mailings.
Wenn Sie möchten, können Sie Versand und mehr von einem professionellen Mailingdienstleister erstellen lassen. Beispiele ohne Gewähr: *mailingwork.de* oder *mailing-power.de*
Vergessen Sie auch die Nachbereitung nicht. Ihr Mailing kann rundum gelungen sein, nutzt Ihrem Unternehmen aber nichts, wenn zum Beispiel die angegebene Telefonnummer in den Tagen danach nicht

Wenn Sie ein Datenbankprogramm erwerben möchten, weil Ihnen etwa Outlook zu unübersichtlich ist, achten Sie darauf, dass die Datenbank Folgendes leistet: leichte Einrichtung und Pflege, komplexe Suchfunktion, Einfügen oder Verändern von Feldern, Export/Import-Funktion, Serienbrief-Funktion: Briefausdruck, Massenfax, personalisierte E-Mails – zumindest aber Kompatibilität mit vorhandenen Schreibprogrammen, die diese Aufgaben übernehmen können –, personalisierte Serienbriefe.

durchgängig kompetent besetzt ist. Auch das Versenden von Prospekten oder ähnlichem Material, das etwa im Rahmen des Mailings angefordert werden kann, muss schnell geschehen. Wer potenzielle Kunden nach einem Mailing enttäuscht, der verärgert sie – und hat sie vielleicht auf immer verloren.

Mehr zum Thema

- Michael Brückner: *Werbebriefe leicht gemacht. Textbausteine für perfekte Mailings.* Heidelberg 2006.
- Stephan Gebhardt-Seele: *Immer gute Auftragslage! Neue Kunden durch Personen-Marketing.* 2. Aufl. Wiesbaden 2005.
- Peter Kenzelmann: *Kundenbindung. Kunden begeistern und nachhaltig binden.* Pocket Business. Berlin 2003.

Klassische Werbung

Werbung ist ein weites Feld. Sie kann zwar manchmal hervorragend dabei helfen, Produkte zu positionieren und auch abzuverkaufen, ist aber nur bedingt dazu geeignet, Ihnen beim Schaffen eines Unternehmens mit Sogkraft zu helfen. In diesem Kapitel werfen wir daher nur einen sehr kurzen und schematischen Blick auf die „Klassiker" und überlegen in aller Kürze gemeinsam, welche von ihnen langfristig wirken und für kleine Unternehmen sinnvoll und bezahlbar sein könnten.

Werben mit Sinn und Verstand

Gerade in der klassischen Werbung gilt die Uralt-Weisheit, dass nicht alles Gold ist, was glänzt. Eine zweiseitige Hochglanz-Anzeige im „Spiegel"? Vier Minuten Werbeblock beim ZDF? Ein Deutschland-weiter Kino-Trailer, aufwendig umgesetzt und ein Jahr lang direkt vor jedem Hauptfilm platziert? Klingt beeindruckend, ist ziemlich kostspielig und bringt Sie und Ihr regional tätiges oder in seinen Kapazitäten begrenztes Unternehmen vermutlich kein Stück weiter. Vom Preis-Leistungs-Verhältnis ganz zu schweigen. Entscheidend ist auch bei der klassischen Werbung, dass Sie Ihre Zielgruppen in- und auswendig kennen und wissen, wo diese nach Ihnen suchen und was ihnen gefallen würde.
Schauen wir uns einige Werbeklassiker der Reihe nach an und prüfen sie auf Herz und Nieren für unsere Zwecke:

Anzeigen offline

Anzeigen schalten kann man fast überall: vom Telefonbuch über das Magazin bis hin zur großformatigen Anzeige in U-Bahn oder Zug. Von der Preisklasse her ist für jeden Unternehmer etwas dabei.
Für regionale Anbieter lohnt sich etwa der Eintrag in *Telefonbuch und Gelben Seiten* auf jeden Fall. Allen anderen mag er nicht viel bringen, schadet aber auch nichts, denn er ist kostenlos. Gut zu wissen: Sie können beeinflussen, unter welchem Stichwort Sie geführt werden. Und mit etwas Glück eröffnet man für Sie sogar extra eine neue Rubrik. Hervorgehobene Einträge oder gestaltete Anzeigen – beides kostenpflichtig aber bezahlbar – tragen nicht bei allen Dienstleistern Früchte. Fragen Sie sich selbst: Wann schauen Sie ins Telefonbuch oder in die Gelben Seiten? Um einen Werbetexter zu finden? Sicherlich nicht. Um einen Coach für Ihr Unternehmen zu finden? Bestimmt nicht. Um einen Arzt, Handwerker oder ein Fachgeschäft – zum Beispiel für Computerzubehör – zu finden? Schon eher. Und was würden Sie sich von einem solchen Eintrag wünschen? Dass er Öffnungszeiten nennt? Spezialisierungen? Werfen Sie einen Blick in

die Gelben Seiten Ihrer Stadt und schauen Sie sich Ihre Mitbewerber an. Wie können Sie sich von der Masse abheben? Als Arzt zum Beispiel mit einem klaren Ortsbezug: „Der Zahnarzt im Paulusviertel", denn viele Menschen wählen ihre Ärzte nach der Nähe zu Wohnort oder Arbeitsplatz.

Bei Anzeigen in *Magazinen, Zeitschriften oder Zeitungen* bringt Sie eine einzelne Anzeige nicht weiter. Der Wiedererkennungs-Effekt ist wichtig. Also lieber (Sonderaktionen ausgenommen) zehnmal eine kleine als einmal eine große Anzeige schalten. Arbeiten Sie zudem noch folgende Punkte ab: Geht es Ihnen um eine Image-Anzeige oder Produkt-/Aktions-Anzeige (Tag der offenen Tür, Rabattaktion etc.)? In welchem Medium und wo dort konkret soll Ihre Anzeige platziert werden (Im Wirtschaftsteil? Bei den Kleintieranzeigen?)? Wie können Sie sich von der Anzeigenkonkurrenz optisch abheben (Zusatzfarbe, Grafik oder Bild, Negativdruck, Rahmen, leere Fläche um Ihre Anzeige)? Wie heben Sie sich in der textlichen Gestaltung am besten von Ihren Mitbewerbern am Markt ab?

Wichtig: Lesen Sie vor der konkreten Anzeigenschaltung ganz genau das Kleingedruckte im Angebotsvertrag: Verlängert sich das Erscheinen Ihrer Anzeige automatisch, wenn Sie nicht explizit kündigen? Gibt es andere Fallstricke, die Sie nicht bedacht haben, etwa eine Zeichenbegrenzung?

Bannerwerbung

Bannerwerbung wird meist als Flash- oder Grafikdatei angezeigt und (oft im GIF- oder SWF-Format) in die Webseite eingebunden; sogenannte Powerlyer legen sich sogar kurzzeitig über die Webseite. Klickt man die Banner an, verweisen diese auf Hyperlinks. Das am weitesten verbreitete Format für Werbebanner ist 468 x 60 Pixel. Um sich gegenseitig Besucher weiterzuleiten, kann man sich an *Bannertausch-Netzwerken* beteiligen (genauere Informationen dazu finden sich im Netz etwa unter *promotiontausch.de oder visit2visit.de*). Bei sogenannten *Affiliate-Netzwerken* vergütet meist ein kommerzieller Anbieter seine Vertriebspartner pauschal oder erfolgsorientiert durch eine Provision.

Das Prinzip: Der Produktanbieter stellt seine Werbemittel zur Verfügung; der Affiliate verwendet sie auf seinen Seiten zur Bewerbung der Produkte des Kooperationspartners und verdient daran. Banner schneiden in Studien schlecht ab, viele User empfinden mit Bannerüberladene Sites als unseriös. Einer Studie des Marketing-Dienstleisters Adtech auch *(adtech.info)* sinkt die Klickrate von Werbebannern kontinuierlich: von 0,33 Prozent im November 2004 auf 0,18 Prozent im März 2007. Außerdem sollte man sich über die möglichen rechtlichen Konsequenzen von Partnerprogrammen im Netz gut informieren (etwa unter *affiliateundnetz.de*).

 Weblogs sind hervorragende Werbe-Multiplikatoren, allerdings auf einer anderen Ebene (siehe auch das Kapitel über Weblogs).

Fernsehwerbung

Kostspielig in der Herstellung, für kleine Unternehmen unerschwinglich in den Sendeplätzen – außer im Regionalfernsehen (aber seien wir ehrlich: Wie viele Menschen schauen Regionalsender?). Schlägt Ihr Herz mit Leidenschaft für bewegte Bilder rund um Ihr Unternehmen, könnten Podcasts im Internet für Sie eine Alternative sein. Mehr zu Podcasts erfahren Sie im Kapitel über Weblogs, Seite 109.

Flyer und Postkarten

Flyer und Postkarten sind in der Herstellung erfreulich günstig. Für unter hundert Euro bekommt man bereits qualitativ ansprechende Exemplare in Fünfhunderter-Päckchen. Flyer und Postkarten können Rechnungen oder Frachtsendungen beigelegt werden, regionale Anbieter können sie in Cafés vor Ort auslegen, man kann sie regionalen Magazinen oder Anzeigenblättern beifügen lassen oder sie auf Messen auslegen oder verteilen. Ob es etwas bringt fürs Geschäft, ist schwer messbar. Einen Versuch ist es aber allemal wert.

Kinowerbung

Regionale Kinowerbung kostet – um mal ein Beispiel zu nennen – im UCI in Cottbus (Brandenburg) zwischen rund einem bis vier Euro pro Woche (gestaffelt nach Größe des Saals, in dem die Werbung gezeigt wird, Stand 2007). Neben einfachen Formen wie Standbildern mit Dias sind auch Werbespots in vollem Kinoformat denkbar, die später auf Filmmaterial belichtet und in den entsprechend benötigten Anzahlen kopiert werden müssen. Allein die Belichtungs- und Kopierarbeit kostet – wenn sie fremd vergeben wird – über 1000 Euro; die Erstellungskosten des Spots kommen hinzu. Diawerbung ist also deutlich kostengünstiger; Spotwerbung sicherlich effektiver. Bislang nutzen unserer Kino-Erfahrung als Zuschauer nach nur wenige regionale Unternehmen den Einsatz gut gemachter Kinospots. Hier kann man also noch mit dem Innovationsfaktor punkten – wenn diese Werbeform für das Angebot Ihres Unternehmens sinnvoll ist.

Plakate

Auch Plakatwerbung ist in der Umsetzung deutlich günstiger, als man denken sollte. Konkret nennt der Fachverband Außenwerbung (*faw-ev.de*, auch mit spannenden Infos zum Thema) für die Buchung eines City-Light-Poster-Platzes (das sind z. B. diese beleuchteten Werbeflächen an Bushaltestellen) in einer Großstadt mit über 500 000 Einwohnern eine Summe von durchschnittlich 13 Euro pro Tag. In Randgebieten oder auf dem Land kann der Preis deutlich darunter liegen. Gerade für regionale Anbieter könnte sich diese Investition durchaus lohnen. Mit (kleinen) Plakaten lässt sich etwa in Schaufenstern von passenden Geschäften werben. Manche dieser Werbeplätze kosten Geld, andere werden durch Gegenleistung bezahlt, etwa durch Werbekooperationen.

Rund um die Post

Einer Postsendung können Sie alles Mögliche beilegen: Eine hübsche *Postkarte* mit Ihrem Firmenlogo etwa, die auf der Rückseite dezent Ihre Kontaktdaten und Ihr Portfolio nennt und vom Kunden weiterversendet oder an seine Pinnwand geheftet werden kann. Ein *Verlagsflyer über Ihr neues Buch* (siehe Kapitel Buchveröffentlichungen, S. 93), das Sie entweder als Experte in einem für den Kunden interessanten Bereich ausweist oder bei seriösen Themen Anknüpfungspunkte für Gesprächsstoff bietet. Mit Sicherheit etwa wird es Ihren Kunden positiv überraschen, wenn Sie ein belletristisches Buch in einem renommierten Verlag veröffentlicht haben oder einen fundierten Ratgeber etc.

Wer seine Kunden erfreuen möchte, legt – wenn es zum Stil des Unternehmens passt – der Rechnung *kleine Aufmerksamkeiten* bei, die einen Aufdruck des eigenen Unternehmens tragen können. Geben Sie in den gängigen Suchmaschinen das Wort „Werbegeschenke" ein und wählen Sie aus einer großen Liste von Anbietern, die Ihnen auch in überschaubarer Stückzahl vom Duftkissen bis zum Traubenzucker alles mit Ihrem Logo und Claim bedrucken. Ein Dextro-Energen-Traubenzucker etwa, nach Ihren Vorgaben bedruckt, einzeln verschweißt und rund 18 Monate haltbar, kostet pro Stück um die 10 Cent. Der Mindestbestellwert differiert unter den verschiedenen Anbietern stark – Vergleichen lohnt sich und spart Geld.

Bei *Verpackung* oder *Umschlag* kosten etwa hundert Briefbögen, nach eigenen Vorgaben personalisiert, ein- oder mehrfarbig bedruckt und auf ausgewähltem Papier bei dem sympathischen Anbieter *kunstundgrafik.de* ab 80 Euro.

Telefon-Marketing

Callcenter-Agents treiben unbescholtene Geschäfts- und Privatpersonen mit Bausparverträgen, Wasserzapfanlagen und „Wer wird Millionär"-Einladungen in den Wahnsinn. Das ist nicht nur grauenvoll, es ist sogar verboten. Wer Privatpersonen anruft, um seine Dienstleistung zu bewerben, braucht dessen Zustimmung (siehe auch Seite 179, Mailings). Genauer informieren über das Thema Telefon-Marketing können Sie sich etwa in Claudia Fischer: *Telefonsales*. 2. Auflage Offenbach 2006, mit ergänzendem Online-Workshop – und bei der Lektüre auch etwas über das eigene Gesprächsverhalten am Telefon lernen.

Werbung auf beweglichen und unbeweglichen „Gütern"

Ein *Banner mit eigenem Logo* für das Auto oder für die Fensterscheiben Ihrer Büro- oder Fertigungsräume ist schon für um die hundert Euro zu haben. Gerade wenn Sie viel unterwegs sind und über ein repräsentatives Auto verfügen oder Ihre Unternehmensräume an einer verkehrsgünstigen Stelle gelegen sind, etwa an einer Ampel oder Haltestelle oder sehr zentral in einer Fußgängerzone, wäre es doch schade, wenn Sie sich diese Chance zur Kundenakquise entgehen ließen. Vergessen Sie in Ihrer Gestaltung und Schriftauswahl nicht, dass Ihr potenzieller Kunde bei dieser Art der Werbung nur sehr, sehr wenig Zeit zur Verfügung hat. Ihre Botschaft muss kurz, gut lesbar und prägnant sein. Warum bei Autowerbung meist nur die Seiten mit Werbefolien versehen werden, ist uns ein Rätsel. Wann schließlich hat man wirklich Zeit und Muße, eine Autowerbung zur Kenntnis zu nehmen? Genau: Im Stau oder an der roten Ampel. Und in beiden Fälle sieht man das Auto von hinten und nicht von der Seite. Und wenn es zu Ihnen passt, nutzen Sie Ihr Auto als Litfaßsäule und kleben Sie an Stellen, die Sie beim Fahren nicht behindern aktuelle Produkt- oder Veranstaltungsankündigungen.

Auch mit Ihrer *Kleidung* können Sie hervorragend auf sich aufmerksam machen. Petra Bauer etwa ist Autorin. Auf der Buchmesse trägt sie mit Vorliebe ihr T-Shirt mit der Aufschrift *writingwoman.de*, denn so lautet auch der Name ihrer Homepage. Das schafft Gesprächsanlässe – und hat ihr schon den ein oder anderen interessanten Kontakt oder Auftrag beschert.

Mit *Kundengeschenken und Give-Aways* können Sie ebenfalls für sich werben. Blicken wir uns um, dann sehen wir solche Werbegeschenke überall: Schlüsselbänder, Kulis, Feuerzeuge und so weiter. Diese kleinen Geschenke bergen einige Tücken. Ein Kuli oder sonstiges Schreibgerät etwa ist zumeist ein reiner Funktionsträger. Was auf dem zehnten Kuli mit Werbeaufschrift steht, beachten wir in der Regel kaum. Und selbst wenn wir wollten, fiele die Werbung kaum ins Auge, denn der Kunde nimmt den Stift ja zur Hand, um ihn zu nutzen – und verbirgt in genau diesem Moment mit seiner Hand die Werbefläche. Mit einem Feuerzeug mag es etwas anderes sein, wenn es dekorativ gestaltet ist. Andererseits: Welche Nummer nutzt mir auf einem Feuerzeug wirklich? Die eines Frisörs? Kaum. Die eines Taxiunternehmens? Schon eher. Die eines Coaches, der hilft, das Rauchen aufzugeben? Zumindest regional eine witzige Idee. Ein an der Zielgruppe vorbei entworfenes Werbegeschenk ist aber vor allem eines: zu teuer.

Seien Sie kreativ! Und realistisch

In der Werbung sind Ihrer Fantasie keine Grenzen gesetzt. Kennen Sie zum Beispiel Geocaching (etwa unter *geocaching.de, opencaching.de*)? Das ist eine moderne Form der Schatzsuche/Schnitzeljagd via GPS. Wenn Sie sich eine nette Route ausdenken und etwas Hübsches verstecken, wird Ihnen die Werbung sicherlich niemand verübeln. Initiiert werden könnte Ihre Geo-Suche etwa über eine Plakat- oder Bannerwerbung.
Apropos Werbung an ungewöhnlichen Orten: Vor einiger Zeit verlor eine Kollegin (Annette Lindtstädt, *elearningtextundco.de*, nicht nur passionierte Texterin, sondern in ihrer Freizeit auch passionierte Reiterin) unabsichtlich eine Ihrer Visitenkarten bei einem nachmittäglichen Ausritt im Wald. Das Ergebnis: Ein Spaziergänger fand sie und kontaktierte sie wegen eines Textauftrages.

Für gute Werbung gibt es keine Regeln, aber ein paar Ansatzpunkte: Sie trifft den Kern der Sache. Sie trifft den Bauch. Sie erzeugt Kino im Kopf. Sie ist neu. Sie ist ungewöhnlich. Sie ist hilfreich. – Und sie macht Spaß.

Aber sie sollte auch brillant umgesetzt werden, damit sie glänzen kann. Zum Schluss daher noch einmal ein Appell an die Vernunft: *Keine Werbung ist besser als schlechte Werbung.* Wenn Sie selbst nicht Arbeit und Mühe in das Texten und Layouten Ihrer Werbemaßnahmen investieren möchten oder können, dann beauftragen Sie jemanden, der sich damit auskennt. Alles andere ist rausgeworfenes Geld.

Mehr zum Thema

❑ Christian Scheier, Dirk Held: *Wie Werbung wirkt.* Freiburg 2006.
❑ David Ogilvy: *Geständnisse eines Werbemannes.* Berlin 2000.
❑ Jack Foster, Larry Corby: *Einfälle für alle Fälle.* 2. Aufl., Frankfurt am Main 2005.
❑ Philip Kotler/Friedhelm Bliemel: *Marketing-Management. Analyse, Planung und Verwirklichung.* 10. Aufl. Stuttgart 2001.
❑ Sebastian Turner: *Spring! Das Geheimnis erfolgreicher Werbung.* Mainz 2000.
❑ Blog „Werben mit kleinem Buget" von Bernd Röthlingshöfer: *http://berndroethlingshoefer.typepad.com/*

3.

Die letzten Schritte – vor des Kunden „Ja, ich will"

In diesem Kapitel geben wir Ihnen noch ein paar letzte Tipps mit auf den Weg – damit Sie nicht einfach nur irgendwelche, sondern möglichst gute Geschäftsbeziehungen knüpfen können.

Unser erster Rat lautet: „Eiern Sie beim Abschluss auf keinen Fall herum – in keiner Beziehung!" Persönliche und inhaltliche Unsicherheit und daraus folgerndes unsicheres Auftreten sind der Auftragskiller Nummer eins. Anders gesagt: Um Ihren Gesprächs- und zukünftigen Geschäftspartnern souverän, freundlich und sicher gegenüberzutreten zu können, müssen Sie wirklich gut vorbereitet, also inhaltlich sicher sein und das nötige Quäntchen Selbstbewusstsein mitbringen. Wobei Selbstbewusstsein auch aus inhaltlicher Kompetenz resultiert und trainiert werden kann. Und zwar recht erfolgreich. Wer weiß, wovon er redet, sich seine Argumente gut überlegt hat, sich seiner Fähigkeiten und seines Angebotes sicher ist, wird diese Sicherheit auch gegenüber dem Gesprächspartner an den Tag legen. Wer ständig Angst vor einer „heiklen" Frage oder einfach nur vor der nächsten überhaupt hat, wird verbal viele Fragezeichen setzen, mit kleinem, wackligen Stimmchen sprechen und insgesamt keine Kompetenz und Souveränität ausstrahlen.

Und glauben Sie uns, Ihr Gesprächspartner merkt das – mit fatalen Folgen für Ihren Geschäftserfolg: Entweder Ihr Kunde in spe gewinnt kein Vertrauen zu Ihnen, Ihrem Unternehmen, Ihrem Können und wird deshalb gar nicht mit Ihnen zusammenarbeiten wollen. Oder er glaubt wegen Ihrer Unsicherheit, er könne in Ihrer Geschäftsbeziehung den Marionettenspieler geben und Sie entsprechend behandeln. Eine sehr unschöne Voraussetzung für eine Zusammenarbeit.

Also, frisch ans Werk und die Hausaufgaben gemacht, damit Sie bereit sind, wenn die Kunden kommen.

Gutes Geld für gute Arbeit: Honorare kalkulieren und durchsetzen

Wenn Sie nicht nur wissen, sondern auch sicher kommunizieren können, welche Leistungen Sie anbieten, was Sie können, wo Ihre

Stärken liegen und wo Ihre Grenzen sind, wenn Sie definiert haben, was Sie vom Mitbewerb zum Nutzen Ihrer Kunden unterscheidet, dann geht es daran, die angemessenen Honorare für all Ihr Tun zu ermitteln – und diese dem Kunden gegenüber auch durchzusetzen.

Die drei Säulen der Honorarkalkulation

Sehr oft setzen Kleinunternehmer und Freiberufler deutlich zu niedrige Honorare an, um davon leben und ihr Geschäft finanzieren zu können – und das oft über Jahre hinweg. Man fragt sich, *wie* diese Unternehmen unter diesen Umständen überhaupt noch existieren können.
Außerdem haben Small-Business-Unternehmer oft Probleme damit, die Aufträge, die sie gern hätten, auch zu einem angemessenen Honorarsatz zu bekommen.

Ganz abgesehen davon, dass wir in Netzwerken oder in Gesprächen immer wieder hören, wie wenig Spaß der eine oder andere Auftrag macht, wie schwierig und hakelig die Zusammenarbeit mit dem einen oder anderen Kunden ist und dass man reputativ einfach nicht weiterkommt.

Also gehen wir das Ganze doch mal systematisch an – Schritt für Schritt:

Den kostendeckenden Stundensatz kalkulieren

Wissen Sie, welchen Stundensatz Sie verlangen – und bekommen – müssen, um Ihre Betriebskosten und Ihren Lebensunterhalt zu finanzieren? Der kostendeckende Stundensatz lässt sich mittels systematischer Anwendung der vier Grundrechenarten sehr genau und recht einfach errechnen:

Produktive Arbeitszeit	Beispielrechnung	Ihre Zahlen
Tage im Jahr	365	
Wochenenden	– 104	
Feiertage	– 10	
Urlaubstage	– 21	
Krankheitstage	–14	
Arbeitstage	= 216	
Arbeitsstunden/Tag	8	
Arbeitsstunden/Jahr	= 1.728 (216 × 8)	
Davon produktive Arbeitszeit in Prozent	70	
Produktive Stunden/Jahr	1.210	

Mit dieser Rechnung ermitteln Sie, wie viele Stunden im Jahr Sie produktiv arbeiten.

In unserer Beispielrechnung sind wir davon ausgegangen, dass wir uns nicht selbstausbeuterisch an sieben Tagen der Woche beruflich betätigen möchten. Wir billigen uns Urlaubstage zu – zwar weniger als jedem Arbeitnehmer, aber immerhin – und gestatten uns, dass wir an einigen Tagen im Jahr wegen Krankheit oder anderer unaufschiebbarer Erledigungen nicht arbeiten können. Und wir kalkulieren mit acht Stunden Arbeit durchschnittlich pro Tag.

Bei der prozentualen Einschätzung der produktiven Arbeitszeit werden die häufigsten Fehler gemacht: Sie können als Selbstständiger nicht während jeder Minute Ihrer Arbeitszeit Geld verdienen. Sie verbringen Zeit mit Akquise, Buchhaltung, Büroorganisation, Weiterbildung, Recherche, dem Lesen von E-Mails, dem Planen und Durchführen von Marketing-Maßnahmen ... Alles wichtige und nützliche Tätigkeiten, aber sie haben eines gemeinsam: Sie bringen nicht direkt Geld in Ihre Kasse.

Als Faustregel können Sie davon ausgehen, dass Sie als Existenzgründer und Jungunternehmer maximal 40 bis 50 Prozent Ihrer Arbeitszeit produktiv verbringen. Etablierte Unternehmer kommen auf etwa 70 Prozent ihrer Arbeitszeit, in der sie wirklich direkt Geld verdienen. Etabliert im hier gemeinten Sinn bedeutet: verdammt gut organisiert, mit einem gerüttelten Maß an Erfahrung und Routine und mit einem festen Kundenstamm, der ohne zusätzlichen Aufwand Ihrerseits regelmäßig für Aufträge sorgt.

Wir als Kleinunternehmer sind schon ziemlich gut, wenn wir es schaffen, in 60 Prozent unserer Arbeitszeit auch tatsächlich an Brotjobs zu sitzen. Der Rest unserer Arbeitszeit vergeht mit – siehe oben – Akquise, Buchhaltung, Weiterbildung, Selbst-Marketing, Arbeitsplatzorganisation, Einkauf für den Betrieb, Angebotserstellung und für all die anderen wichtigen oder weniger wichtigen Zeitfresserlein im Tagesgeschäft, die wir alle kennen.

Als nächstes müssen Sie ermitteln, welchen Umsatz Sie pro Jahr benötigen, um weder verhungern noch unter einer Brücke schlafen zu müssen. Und es ist schlau, über den unmittelbaren Bedarf hinaus Einnahmen für Dinge wie Altersvorsorge und Rücklagen einzuplanen. Diese Posten klingen zwar nicht besonders sexy, es beruhigt aber ungemein, wenn man die Mittel dafür hat.

Addieren Sie alle Betriebskosten, alle Privatausgaben und alle zu zahlenden Steuern. Die Summe ergibt Ihren *benötigten Jahresumsatz*.

In unserer Beispielrechnung gehen wir davon aus, dass 50 000 Euro Umsatz pro Jahr gemacht werden müssen, um alle Kosten zu decken. Wir sprechen hier also über einen privat recht genügsamen Menschen, der zudem kaum Investitionen in seinem Unternehmen tätigt. Von den hier angenommenen Beträgen kann man kaum Druckerpatronen kaufen, von der Finanzierung auch der kleinsten Marketing-Kampagne oder Weiterbildungsmaßnahme ganz zu schweigen.

Rechnen Sie sich also lieber weder Ihr tatsächlich benötigtes privates Nettoeinkommen noch Ihre Betriebsausgaben schön. Und vergessen Sie nicht, dass Sie auch Steuern bezahlen müssen. Es nützt ja nichts, wenn Sie bei dieser Rechnung einen sehr moderaten Stundensatz ermitteln, aber tatsächlich nach einem halben Jahr insolvent sind.

Den benötigten Jahresumsatz, also besagte 50 000 Euro, dividieren Sie durch Ihre produktiven Arbeitsstunden – in unserem Beispiel sind das 1 210 – und ermitteln so Ihren Mindeststundensatz – im Beispiel 41,32 Euro –, den Sie fordern und bekommen (!) müssen, um Ihre Kosten zu decken. Oder anders ausgedrückt: An *jedem* von 216 Arbeitstagen müssen Sie dem Beispiel nach 330,58 Euro verdienen – gegebenenfalls plus Mehrwertsteuer. An *jedem*. Und wenn Auftragslage, Krankheit oder sonstige Unbilden dies nicht ermöglichen, müssen Sie eben an allen tatsächlichen produktiven Arbeitstagen entsprechend mehr Umsatz einfahren.

Und der über diesen Stundensatz erwirtschaftete Umsatz deckt gerade mal Ihre Lebenshaltungs- und Betriebskosten, vielleicht noch ein paar Rücklagen. Richtig große Sprünge können Sie davon aber nicht machen.

Kostenlose Stundensatzkalkulatoren

Honorarkalkulator von Gründer-Reports: *gruenderreports.de/kalk_1.php*
Excel-Honorarrechner von akademie.de zum Download: *akademie.de/fuehrung-organisation/recht-und-finanzen/tipps/finanzwesen/kalkulation.html*

Den Marktwert der eigenen Leistungen ermitteln

Die Höhe des Stundensatzes zu ermitteln, den Sie benötigen, um als Unternehmer wirtschaftlich arbeiten zu können, ist allerdings nur eine Säule der Honorarkalkulation.
Die zweite Säule heißt schlicht Marktwert. Es nützt nichts, die eigenen Honorare nur auf der Basis der Kosten zu kalkulieren. Wenn die daraus resultierenden zu fordernden Honorare an den wirtschaftlichen Realitäten im Business vorbeigehen, wird man keine Kunden generieren, weil man zu teuer oder – ja, auch das ist möglich – zu preiswert ist. „Was nichts kostet, ist nichts wert." Oder anders ausgedrückt: „Preiswerte Arbeit kann ja nichts taugen." Und diese Meinung vertreten nicht wenige Auftraggeber.
Es gilt als nächstes also für Sie darum, zu recherchieren und Marktanalyse zu betreiben. Fragen Sie, was der Mitbewerb für vergleichbare Leistungen nimmt.
Das herauszubekommen, gestaltet sich in Zeiten des Internets relativ einfach:

❏ Viele Dienstleister haben ihre Preise auf ihren Websites, sodass man dort direkt nachschauen kann.
❏ Es gibt zu fast jeder Branche Honorarspiegel im Netz, meistens bei Branchen-Verbänden.
❏ Man kann in den eigenen Netzwerken herumfragen, wie bei vergleichbaren Leistungen die Honorar-Situation aussieht.
❏ Und man kann Bekannte aus dem Business fragen, was sie für vergleichbare Leistungen zahlen.

So werden Sie bald ein Gefühl für die branchenüblichen Preise Ihrer Leistungen bekommen. Sie werden die Spanne ermitteln, innerhalb derer sich die Angebote Ihrer Kollegen bewegen. Und Sie werden feststellen, dass vom niedrigsten bis zum höchsten Ihnen bekannten Satz verblüffend große Lücken klaffen. Recken Sie sich zur Decke – denn unten gibt es nichts zu finden außer trocken Brot und schlechte Laune.

Natürlich ist Leistung nicht gleich Leistung. Es gibt über das konkrete Leistungsangebot hinaus einige Kriterien, die Einfluss auf die realistische Gestaltung Ihres Stundensatzes haben sollten:

- ❏ Regionale Aspekte: Wo bieten Sie Ihre Leistungen an? Noch immer ist es so, dass etwa in den neuen Bundesländern niedrigere Honorarsätze bezahlt werden als in den alten, in Städten sind die Honorare dagegen meist höher als in ländlichen Gegenden.
- ❏ Referenzen und Erfahrungen: Nahe liegend ist, dass Kunden für die Leistungen eines „alten Hasen" mit ausgezeichneten und namhaften Referenzen mehr zu zahlen bereit sind, als für einen „Frischling" in der Branche, der offensichtlich noch ein wenig „learning on the job" praktiziert.
- ❏ Und nicht zuletzt können einige Kunden einfach aus wirtschaftlichen Gründen bestimmte Honorare nicht bezahlen. In bestimmten Fällen kann es dennoch sinnvoll sein, Aufträge von ihnen anzunehmen, etwa wenn dadurch ein hoher reputativer Profit für Sie entsteht. Zu diesem Punkt später noch mehr.

Unabhängig von diesen Einschränkungen findet man in Fachartikeln oder Sachbüchern oft die Faustregel, seinen Stundensatz etwa in der Mitte des oberen Drittels der branchenüblichen Preise festzulegen. Das sei die am meisten Erfolg versprechende Größenordnung zwischen „zu billig" und „zu teuer".

Wie dem auch immer sei: Je höher das Honorar ist, das Sie fordern, desto besser müssen Sie begründen können, dass sich diese Kosten für den Kunden amortisieren werden. Und damit kommen wir zur dritten Säule der Honorarkalkulation, der Argumentation.

Erfolgreich argumentieren

Hier geht es im Wortsinn um Selbst-Marketing. Es besteht in diesem Fall aus dem Wissen um die eigenen USPs und Ihrer Ihnen mittlerweile wohl bekannten Stärken, einem gesunden Selbstbewusstsein sowie aus argumentativem Geschick. Was heißt das im Einzelnen?

Je höher Ihr Stundensatz ist, desto deutlicher müssen Sie Ihrem Kunden klar werden lassen, dass Sie ihm etwas für ihn sehr Wichtiges zu bieten haben, das er so bei keinem Mitbewerber findet. Das sollten sicher inhaltliche Qualifikationen sein aber auch Soft Skills, an denen Ihrem Kunden sehr gelegen ist.

Scheuen Sie sich nicht, ein wenig mit Ihren Pfunden zu wuchern. Trommeln gehört zum Handwerk. Keine falsche Bescheidenheit. Aber bitte auch keine borniert Arroganz. Der souveräne, aber freundliche Wanderschritt ist der angemessene auf dem schmalen Grat zwischen Duckmäusertum und Großmäuligkeit. Authentisch und vor allem ehrlich zu bleiben sind die Mittel der Wahl im Umgang mit Menschen – und deshalb natürlich auch mit Kunden.

Sich als Alleskönner, -wisser, -erfüller darzustellen, ist unaufrichtiges „auf die Brause hauen" und führt zu nichts. Viel eher hingegen gewinnt man das Vertrauen von Kunden durch eine Aussage wie: „Das und das können Kollegen besser, das gehört nicht zu meinen absoluten Stärken." Denn nur so glaubt der Kunde Ihnen auch, wenn Sie sagen: „Ja, das gehört zu meinen Kernkompetenzen, darin bin ich richtig gut."

 Zuhören vor allem gehört zum Handwerk der professionellen Gesprächsführung. Sie müssen nämlich nicht nur herausbekommen, was den Kunden im Allgemeinen wichtig ist. Sie müssen herausbekommen, was *diesem* speziellen Kunden wichtig ist. Und das geht eben am besten durch Fragen und Zuhören.

Beim Gespräch mit Ihren potenziellen Kunden muss Ihr Gehirn also in den Multitasking-Modus umschalten: Sie müssen gleichzeitig zuhören, die Bedürfnisse und Wünsche des Kunden herausfiltern, diese abgleichen mit Ihren fachlichen Kompetenzen und Soft Skills und Sie müssen den Kunden noch im selben Gespräch wissen lassen, welche seiner wichtigsten Bedürfnisse Sie ihm erfüllen können. Das ist nicht wenig, was da alles – meisten allerdings automatisch und nahezu unbewusst – in solch einem Gespräch stattfindet, um geschäftliche Bande zu knüpfen.

Außerdem müssen Sie natürlich – besonders als Dienstleister – Kompetenz ausstrahlen, damit Ihr potenzieller Kunde Vertrauen zu Ihrem Angebot, zu Ihnen fasst. Idealerweise signalisieren Sie schon in den Akquise-Gesprächen Ihre fachliche Kompetenz, indem Sie ein wenig Wissen verschenken, die ersten konzeptionellen Gedanken formulieren, das Gespräch so lenken, dass man sich schnell zu den Kernproblemen des Kunden vorarbeiten kann. Die Meinung mancher Kollegen, dass der Kunde Sie ja nicht mehr braucht, wenn Sie ihm schon alles vorher „verraten" und dass für jeden Funken fachliches Know-how Geld bezahlt werden sollte, teilen wir nicht. Ein paar strategische Überlegungen oder Marketing-Tipps ersetzen mitnichten eine fundierte Arbeit. Wir sind im Gegenteil eher der Meinung, dass dem Kunden umso deutlicher wird, dass er unsere Arbeit braucht, wenn ihm klar wird, was alles zur Lösung seines Problems benötigt wird und wie wichtig methodisches und kompetentes Vorgehen dafür sind. Vom Vertrauensfaktor, den Dienstleister ja wie gesagt immer mit verkaufen, mal ganz abgesehen. Wieso also sollte man knauserig im Umgang mit einem potenziellen Kunden sein? Knauserigkeit ist unhöflich und stoffelig. Und in diesem Fall überdies überflüssig.

Außerdem, mal ehrlich: Wir Dienstleister kochen doch auch alle nur mit Wasser. Wir verkaufen kein Geheimwissen, das nach dem magischen Satz „Tresor öffne dich" aus der Schachtel springt. Wir haben aber deutlich mehr Erfahrung in unserem Bereich, mehr erlernte Systematik und fachliches Know-how als unsere Kunden. Und dieses Bündel macht unseren Wert für den Kunden aus. Ist es da nicht vielleicht doch etwas übertrieben, derartige Fachleute-Geheimniskrämerei zu betreiben?

> **Tipp** Versuchen Sie es einfach mal damit, Wissen zu verschenken. Bei uns jedenfalls hat sich das bislang immer positiv auf die Durchsetzungsfähigkeit unserer Honorare ausgewirkt. Und je mehr wir vorab bereit sind, zu verschenken, umso höher dürfen dann die Honorare sein, die wir fordern, ohne dass der Kunde abspringt.

Das psychologische Gesetz der kleinen und großen Zahlen

Verwenden Sie im Gespräch mit Ihrem Kunden immer die kleinstmögliche Zahleneinheit, wenn es um Ihre Forderungen geht und die größtmögliche Zahleneinheit, wenn es um Ihre Leistungen geht.
Ohne, dass Sie lügen müssen, klingen dadurch Ihre Arbeit günstiger und Ihre Leistungen umfassender.
Beispiel: Kalkulieren Sie in Ihrem Angebot mit Stundensätzen statt mit Tagessätzen. 80,00 EUR/Stunde empfindet Ihr Kunde als günstiger als 640,00 EUR/Tag (wenn Sie einen Acht-Stunden-Tag ansetzen), auch wenn die absoluten Kosten exakt dieselben sind.

Sie sehen: Es ist also möglich und gar nicht so schwierig, gut bezahlte Aufträge zu bekommen.
Bleibt noch die Frage offen: *Will* ich eigentlich jeden möglichen Auftrag? *Will* ich mit jedem Kunden zusammenarbeiten?

Motivations-Mengenlehre: Honorar – Flow – Reputation

Selbstständig zu sein, ist manchmal ganz schön anstrengend, hat aber auch viele Vorteile. Einer von ihnen ist, dass man sich aussuchen kann, mit welchem Kunden man zusammenarbeitet und mit welchem nicht, für welche Projekte man sich beauftragen lässt und welche man ablehnt.
Das *magische Bundle* hilft bei der Auswahl und besteht aus den folgenden drei Säulen:

- Höhe des Honorars für ein Projekt,
- Reputationszuwachs, der aus seiner Bearbeitung entsteht und
- Spaß, den wir uns von dem Job versprechen.

Das Honorar ist natürlich ein wesentlicher Faktor bei der Entscheidungsfindung. Als Freiberuflerin muss man in der Regel mit begrenz-

Das magische Bundle der Motivations-Faktoren

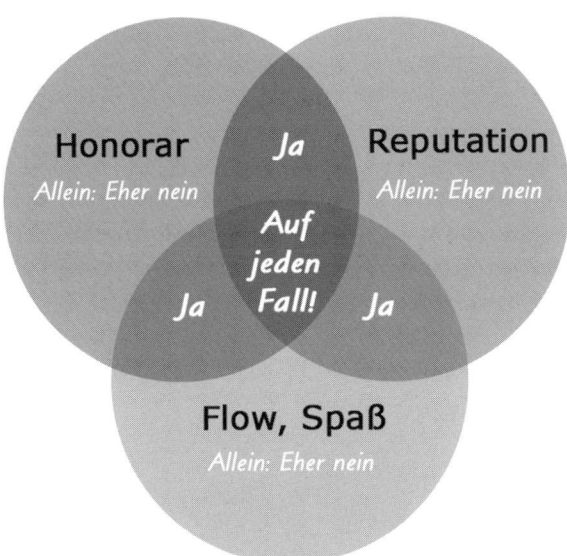

Motivations-Bundle

ten zeitlichen Ressourcen sehr achtsam haushalten, wenn man nicht ununterbrochen mit Subunternehmern zusammenarbeiten oder Angestellte haben will. Natürlich kann man auch gelegentlich 18 Stunden am Tag arbeiten, aber die Betonung liegt hier deutlich auf „gelegentlich". Wer seine zeitlichen Kapazitäten also mit „schlecht" bezahlten Projekten belegt, dem kann es passieren, dass er am Ende erheblich besser bezahlte ablehnen muss – und sich dann sehr ärgern würde. Die seelische Ausgeglichenheit leidet, so viel können wir Ihnen versprechen. Und bei Angeboten besser bezahlter Jobs die bereits laufenden schlechter bezahlten Projekte einfach liegen zu lassen, kommt ja wegen der Berufsehre und auch wegen geschlossener Verträge überhaupt nicht infrage. Insgesamt gilt also: Gut bezahlt arbeitet es sich einfach besser – und das merkt man dann auch dem Ergebnis an.
Manchmal allerdings kann es – sogar unter wirtschaftlichen Aspekten – sinnvoll sein, die Frage nach einem stimmigen Honorar eher perspek-

tivisch zu beantworten. Dann nämlich, wenn die Wahrscheinlichkeit groß ist, dass in der Zukunft von demselben Kunden deutlich besser bezahlte Aufträge winken. Etwa, weil er gerade gründet, noch nicht so gut bestallt ist, man aber an die Geschäftsidee dieses Kunden und vor allem an ihn als Unternehmer glaubt. Und in der Regel entwickelt man mit der Zeit ein ganz gutes Gefühl dafür.

Kostenlose „Probejobs" jedenfalls sollten Sie von Ihrer „Angebotsliste" streichen. Selbstverständlich kann ein Interessent Arbeitsproben erhalten. Das sind dann Links zu Websites oder Texte oder ähnlichem, die für andere Kunden erstellt wurden. Aber sich gratis in ein neues Projekt einzuarbeiten, damit sich ein Gegenüber ein Bild von unserer Arbeit machen kann? Haben Sie schon mal einen Klempner gesehen, der Ihnen als Beleg seines Könnens „das erste Waschbecken gratis" anschließt? Eben.

Zu diesem Thema gibt es übrigens eine wunderbare Geschichte im Blog „Kampagnenstart" der Werbeagentur *elephantseven*: „Können Sie auch altweiß? Oder die Kunst, einen Pitch durchzuführen". Hier ist der Link: *kampagnenstart.de:* Können Sie auch altweiß?

Kunden fragen auch gerne nach speziellen *Einstiegskonditionen*. Die Gegenfrage: Warum sollte der erste Auftrag für einen Kunden weniger wert sein als die folgenden? Ein erstes gemeinsames Projekt bedeutet doch überdies in der Regel mehr Arbeit für den Dienstleister: Die Recherche-Arbeit ist viel intensiver, man weiß noch sehr wenig über das Unternehmen, die Zusammenarbeit hat sich noch nicht eingespielt, man ist noch dabei, eine gemeinsame Sprache zu entwickeln und grundsätzliche Strategien obendrein.

Die Argumentation von Honorarerhöhungen gestaltet sich in der Praxis zudem sehr schwierig. Auch wenn man zigmal ausspricht und schreibt, dass der günstige Preis ein *Einstiegs*-Preis ist, der Kunde wird ihn sich merken und beim nächsten teureren Projekt nicht glücklich darüber sein. Außerdem könnte es sein, dass der Kunde vielleicht meint, man würde diesen günstigeren Job auch schlechter bearbeiten als andere. Wir zumindest zahlen lieber den Preis, den eine Ware nach fairer Kalkulation kostet, statt mit der Angst zu leben, dass ein Dienstleister sich nicht genug Zeit für unseren Auftrag nimmt. Außerdem: Wer garantiert uns als Auftragnehmer, dass es Folgeprojekte desselben Kunden gibt? Und so kann es passieren, dass man sein Lebtag lang Erstlingsjobs für Neukunden zu günstigeren Konditionen bearbeitet. Das war es dann mit der kostendeckenden Honorarkalkulation.

Die Reputation, die ein Job einbringt, ist das zweite wesentliche Entscheidungskriterium und kann vielfältiger Natur sein. Der Name eines illustren Kunden, den man seiner Referenzliste hinzufügen darf, fördert den eigenen guten Ruf direkt. Wenn solch ein namhafter Kunde dann noch bereit ist, als Testimonial zu fungieren, man also noch O-Töne von ihm bekommt, warum und inwiefern er die Zusammenarbeit gut fand, kann sich das auf direktem Weg positiv auf die eigene Auftragslage auswirken. Kunden als Testimonials zu gewinnen, lohnt sich immer und unbedingt.

Ein zweiter, etwas indirekterer Reputationszuwachs erwächst aus Projekten, die veröffentlicht und auf diese Weise vielen Lesern gedruckt oder online zugänglich werden. Solche Projekte können etwa Online-Artikel oder Sachbücher sein, die zwar im Kundenauftrag, aber unter eigenem Namen veröffentlicht werden. Solche Projekte werden in der Regel schlecht bezahlt, geben aber die Möglichkeit, sich als Experte zu positionieren. Das Schreiben eines Business- oder Themen-Weblogs ist ebenfalls ein ausgezeichnetes Mittel, um sich einen Ruf als Experte zu erschreiben.

Nicht zuletzt kann man sich – weniger als Geschäftsexperte denn als Person – mittels ehrenamtlichen Engagements für eine gute Sache einen guten Ruf erarbeiten. Etwa indem man soziale Projekte unterstützt oder Kollegen mit Rat und Tat zur Seite steht, ohne jedes Mal gleich das Taxameter anzuschalten. Denn als Unternehmer setzt man ja nicht nur sein fachliches Know-how und seine Fähigkeiten der öffentlichen Kritik aus, sondern immer auch seine gesamte Persönlichkeit. – Wichtig ist nur, solche Probono-Projekte nicht mit schlecht oder gar nicht bezahlten Jobs zu verwechseln. Und dafür Sorge zu tragen, dass auch andere dieser Verwechslung nicht unterliegen.

Der Spaß an einem Job ist natürlich ebenso wichtig. Hier Ja oder Nein sagen zu können, zählt oft zu den Haupt-Beweggründen für den

Schritt in die Selbstständigkeit. Ob es nun das Thema selbst ist, in dessen Rahmen man eine neue Methode, eine neue Branche, eine neu auszuprobierende Tonalität und so weiter kennenlernt oder schlicht ein guter Draht zum Kunden von Anfang an. Denn wenn die Chemie stimmt, liegt man meist auch im Ergebnis schnell auf einer Wellenlänge. Dann folgt in der Regel Anerkennung und Lob vom Kunden. Auch das ist eine Triebfeder für gute Arbeit und eine Art von Lohn.

Wir kennen einige Unternehmer, die Jobs (mit wenigen Ausnahmen) immer ablehnen, wenn nur eines der oben genannten Kriterien erfüllt ist – auch richtig gut bezahlte Jobs. Wie Sie es damit halten, müssen Sie für sich selbst entscheiden. Wichtig ist nur, dass Sie überhaupt in der Lage sind, ein Projekt mit einem deutlichen aber freundlichen Nein abzulehnen, wenn es nicht Ihren Vorstellungen entspricht. Und zwar möglichst so, dass Sie und Ihr Gegenüber nicht im Streit auseinandergehen und alle Türen zugeschlagen sind.

Wie Sie auch mit einem „Nein" die Zugkraft Ihres Unternehmens stärken

Ihr Kunde in spe lehnt ab

Sie haben alles richtig gemacht. Sie haben dafür gesorgt, dass der potenzielle Kunde von sich aus auf Sie zugekommen ist. Sie haben dem Interessenten gut zugehört, herausgefunden, wo sein Bedarf liegt, ihm gute Lösungen zu einem fairen Preis angeboten. Sie haben souverän und freundlich Ihre Stärken und Alleinstellungsmerkmale herausgehoben, Ihr Leistungsspektrum passt zu den Wünschen und Bedürfnissen des möglichen neuen Kunden. Alles bestens.

Und trotzdem: Der Interessent möchte das Projekt lieber einem Ihrer Kollegen anvertrauen. Das passiert. Und das ist nicht schlimm. Morgen ist wieder ein Tag und morgen kommen die nächsten Interessenten.

Tipp Machen Sie das Beste aus einer Absage und sorgen Sie dafür, dass Sie in Erinnerung bleiben. In guter Erinnerung.

Signalisieren Sie Ihrem Fast-Kunden, dass Sie seine Absage schade finden. Schließlich hätten Sie den Job ja gern gehabt. Etwas anderes glaubt Ihnen an dieser Stelle sowieso niemand.
Erwähnen Sie ruhig noch einmal, dass Sie das Projekt gern übernommen hätten, weil Sie das Thema spannend finden, den Aufgabenbereich reizvoll, das Team interessant, die geplanten Arbeitsformen faszinierend – was auch immer Sie an diesem Job – außer dem zu verdienenden Geld – besonders gereizt hätte.
Aber seien Sie nicht gekränkt, fühlen Sie sich nicht angegriffen – nicht in Ihrer Kompetenz und erst recht nicht in Ihrer gesamten Persönlichkeit.
Die Entscheidung ist wahrscheinlich nicht *gegen* Sie, sondern *für* jemand anderen gefallen. Und wenn sie tatsächlich gegen Sie gefallen ist, dann hat einfach die Chemie zwischen Ihnen und Ihrem Kunden nicht gestimmt. Dann hätte der Job sowieso keinen Spaß gemacht.
Also lassen sie das Projekt innerlich los und entspannen Sie sich. Wie gesagt: Die nächsten Interessenten kommen bald. Bevor Sie aber dieses Projekt mental komplett abschließen, hier noch einige wichtige Hinweise.
Hüten Sie sich vor folgenden Reaktionen:

❏ Verkneifen Sie es sich, „Phhh, dann eben nicht, ihr werdet schon sehen, dass ihr ohne mich nicht gut klar kommt" zu denken. Lassen Sie nicht zu, dass Sie innerlich gehässig werden. Natürlich wissen Sie, dass Sie kompetente Kollegen und Kolleginnen haben, und mit Gehässigkeit haben Sie nichts gewonnen außer einer befangenen Atmosphäre zwischen Ihnen und Ihrem Fast-Kunden. Damit schaffen Sie schlechte Voraussetzungen für eine eventuelle zukünftige Zusammenarbeit. Der Kunde wird ein komisches Gefühl im Bauch haben, wenn er an Sie denkt und wird dann sicher nicht Sie, sondern wiederum einen Kollegen kontakten, mit dem sein Verhältnis „unbelastet" ist.

❏ Verkneifen Sie es sich, zu denken: „Ojeh, ich bin nicht gut genug". Das ist Unsinn. Denken Sie mal logisch: Ihr Fast-Kunde hatte gar keine Chance herauszufinden, wie gut Sie sind. Sie haben den Job ja nicht bekommen. Und es gibt so unendlich viele Gründe, warum Auftraggeber sich für den einen Bewerber oder die andere Bewerberin entscheiden, die alle nichts mit Ihrer Kompetenz oder gar mit Ihrer Person zu tun haben, dass Sie sich darüber an dieser Stelle ganz sicher keine Gedanken zu machen brauchen. Sie haben also keinen Grund, sich minderwertig oder unsicher zu fühlen. Diese Zusammenarbeit kommt nicht zustande. Der Kunde wird seine Gründe haben. Punkt.
❏ Versuchen Sie nicht, diesen Auftrag oder einen Teil davon doch noch für sich zu retten. Der Kunde hat sich entschieden und hätte es Ihnen sicher gesagt, wenn er Ihnen zumindest einen Teil des Projekts übergeben wollte. Begeben Sie sich nicht innerlich – und erst recht nicht nach außen hin – in die Position zu betteln. Dadurch fühlen Sie sich nur klein und der Kunde unwohl, weil er noch einmal „nein" sagen muss.

Ganz wichtig: Bauen Sie einen sauberen Abschluss. Wünschen Sie Ihrem Fast-Kunden und (!) Ihrem – diesmal zum Zuge gekommenen – Kollegen aufrichtig gutes Gelingen bei dem Projekt. Und sagen Sie das auch. Sie werden staunen, wie angenehm überrascht sich die meisten Auftraggeber ob einer solch souveränen Reaktion zeigen. Nicht selten werden Fast-Kunden so zu einem späteren Zeitpunkt doch noch zu Tatsächlich-Kunden. Zum Beispiel, weil Ihre Reaktion beeindruckt und Sie sympathisch gemacht hat. So etwas bleibt in positiver Erinnerung.
Ein neidloses und echtes Akzeptieren einer Ablehnung hat meistens positive Folgewirkungen:

❏ Ein Auftraggeber erlebt das nicht oft. Die meisten potenziellen Auftragnehmer reagieren zumindest unterschwellig verletzt oder aggressiv.

- Von der psychologischen Ebene des unbelasteten Verhältnisses sprachen wir schon. Niemand verletzt gern, und etwas abzulehnen fällt den wenigsten richtig leicht. Umso angenehmer, wenn das Gegenüber sich nicht verletzt zeigt.
- Souveränität und Großmut gelten meistens als Indizien von Kompetenz. Menschen, denen eine „natürliche Autorität" nachgesagt wird, verfügen in der Regel unter anderem über diese Eigenschaften.
- Sie signalisieren durch Ihre Souveränität auch, dass Sie das Projekt zwar gern übernommen hätten, dass Sie aber auch ohne diesen Job zukünftig nicht darben müssen – dass Sie also gut ausgelastet sind. Was immer ein Indiz für Kompetenz ist. Auch dieser Eindruck wirkt nach.

Tipp Bieten Sie Ihre Unterstützung an, falls sie benötigt wird. Erwähnen Sie, dass Sie sich auch zukünftig über Anfragen des Unternehmens freuen. Sei es für neue Projekte oder falls sich herausstellt, dass für das laufende Projekt zusätzliche Unterstützung benötigt wird. Viele Dienstleister lassen solche Äußerungen weg. Aber besser mal ein Satz zu viel als einer zu wenig. Und Sie unterstreichen auf diese Weise noch einmal implizit, dass Sie keinen Groll gegen Ihren Fast-Kunden hegen.
Lassen Sie sich weiterempfehlen. Ein Satz in der Art wie „... und falls Sie einmal von Kollegen hören, dass Dienstleistungen wie die meinen benötigt werden, würde ich mich natürlich freuen, wenn ich Ihnen einfalle", trägt oft dazu bei, dass Sie Ihrem Gesprächspartner in entsprechenden Situationen dann tatsächlich einfallen. So unterstützen Sie Ihr virales Marketing, sorgen dafür, dass Sie weiterempfohlen werden. Denn ein bisschen schlechtes Gewissen hat ihr Fast-Kunde wegen seiner Ablehnung vielleicht – oder er freut sich, wenn er Ihnen etwas Gutes tun kann.

Sie lehnen ein Projekt ab

Wie bereits erwähnt, können Sie Glaub- und Vertrauenswürdigkeit sammeln, wenn Sie offen zugeben, dass es für genau dieses Projekt deutlich kompetentere Dienstleister gibt als Sie selbst. Es flöge im Verlauf des Projekts sowieso auf, wenn Sie den Job aufgrund mangelnder Fähigkeiten nicht gut erledigen können. Sind Sie aber ehrlich, glaubt man Ihnen auch, wenn Sie Ihre tatsächlichen Kompetenzen herausstreichen. Aber natürlich gibt es auch für Sie ebenso weitere gute Gründe, einen Job abzulehnen wie für Ihren potenziellen Kunden. Und auch in diesem Fall sollten Sie mit einem „Nein" nicht alle Türen hinter sich zuschlagen. Denn erstens begegnet man sich immer mindestens zweimal im Leben – es kann also gut sein, dass Sie irgendwann ein anderes Projekt desselben Auftraggebers ganz gern übernehmen würden. Zweitens schrauben Sie Ihre Chancen, von diesem Interessenten an andere möglichen Kunden empfohlen zu werden, hart gegen Null, wenn Sie ihn schroff abwimmeln.

Empfehlen Sie Netzwerkpartner, wenn Sie selbst ein Projekt ablehnen. Sagen Sie nicht einfach: „Nee, danke, keine Zeit", sondern liefern Sie Ihrem Interessenten gute, nachvollziehbare Gründe für Ihre Ablehnung, die ihn nicht kränken. Versuchen Sie stattdessen, ihm anderweitig zu helfen. Vielleicht haben Sie einen Kollegen oder eine Kollegin, die statt Ihrer das Projekt bearbeiten könnte. Empfehlen Sie diesen anderen Dienstleister.

Von Empfehlungs-Marketing selbst profitieren: Vielleicht bieten Sie Ihrem Gesprächspartner sogar an, selbst einen alternativen Dienstleister anzufragen. Im besten Fall springt dann für Sie sogar noch eine kleine Vermittlungsprovision von Ihrem Netzwerk-Kollegen heraus. Ob man Provisionen (je nach Auftragsvolumen und Aufwand für den Netzwerkpartner zwischen fünf und zehn Prozent) vereinbart oder nicht, hängt sicherlich auch davon ab, ob dieser einem schon einmal weiter geholfen hat oder bis dato im eigenen Netzwerk ein eher unbeschriebenes Blatt ist. Wird man selbst weiter vermittelt, sollte man sich in jedem Fall auch dann erkenntlich zeigen, wenn der andere keine Provision wünscht – etwa (je nach Summe des vermittelten Auftrags) durch eine gute Flasche Wein oder auch durch eine kostenlose Dienstleistung Ihrerseits (ein getextetes Mailing etwa, eine TÜV-Inspektion, ein Friseurbesuch oder was auch immer Ihre Dienstleistung umfasst und dem Vermittler Freude bereiten könnte). Wer also erfolgreich einen Netzwerkpartner empfiehlt, profitiert gleich doppelt: Er sammelt Sympathie-Punkte beim Kunden und profitiert – direkt oder indirekt – noch von der Vermittlung.

Verschenken Sie einmal mehr Wissen, um Ihre Reputation zu fördern.
Vielleicht sind Ihre Gespräche mit Ihrem Möchtegern-Kunden ja schon ein wenig in inhaltliche Tiefe gegangen, bevor Sie sich entschließen, den Job abzulehnen. Dann können Sie Ihr Ablehnungs-Gespräch durchaus auch dazu nutzen, dem Interessenten ein wenig Ihres Expertenwissens zu schenken. Wenn Ihnen etwa grundsätzliche Denkfehler in dem Projekt aufgefallen sind, könnten Sie vorsichtig und nicht besserwisserisch darauf hinweisen. Oder Ihren Gesprächspartner auf sehr wichtige Punkte aufmerksam machen, auf die Ihrer Meinung nach geachtet werden sollte. Oder ihm ein, zwei Ideen erzählen, die Ihnen schon während der gegenseitigen Abtast-Gespräche gekommen sind. Warum sollten Sie diese Tipps als Geheimwissen in Ihrem hintersten Gehirnkämmerlein vergraben, wenn Sie vielleicht damit helfen können? Sie haben nichts zu verlieren. Ihr Gegenüber wird Ihre Freimütigkeit sicher sehr wohlwollend registrieren. Und Sie untermauern einmal mehr Ihre Kompetenz. Was Ihnen für zukünftige Anfragen desselben Kunden oder für Empfehlungen durch ihn mit Sicherheit zugute kommt.

Eine Ermunterung zum Schluss

Nun haben Sie alles Wichtige an der Hand. Es kann losgehen. Am besten ist, Sie fangen gleich heute an, nehmen sich Zeit und ordnen Ihre Unternehmensstrategie neu. Zeigen Sie der Welt, dass es Sie gibt und was Sie können. Nicht einmal, sondern nachhaltig.
Und wenn Sie erfolgreich dabei sind – empfehlen Sie uns gern weiter.

Über die Autorinnen

Elke Fleing (*1959) ist seit über 25 Jahren in unterschiedlichen Branchen selbstständig. Sie berät seit 2001 Unternehmen bei ihrer Marketing-Konzeption, konzipiert und textet für Print- und Online-Medien, gibt Seminare und Workshops für Kleinunternehmer und Freiberufler *(www.textfluss.de)*. Außerdem schreibt sie ein Business-Blog für Selbstständige (www.selbst-und-staendig.de). Elke Fleing lebt in Windhoek/Namibia und in Hannover.

www.textfluss.de
www.selbst-und-staendig.de

Momo Evers (*1971) hat ihr Leben der Sprache verschrieben. Mit Hochschulabschlüssen, Online-Journalismus-Ausbildung und Berufserfahrung im Gepäck machte sie sich 2003 im Haus der Sprache *(www.haus-der-sprache.de)* selbstständig und hat es noch keine Sekunde lang bereut. Ihre Schwerpunkte: Redaktionelle Entwicklung und Umsetzung von Print- und Online-Medien, Blended Learning und Lokalisation. Sie ist passionierte Netzwerkerin und lebt heute samt Familie in Halle am Saalestrand

www.haus-der-sprache.de

Stichwortverzeichnis

A
Abonnent 90, 121-126
Absage 158, 211
Absatzförderung 179f.
AGB 106, 124, 179
Akquise 10-40
Alleinstellungsmerkmal 31ff., 46, 59, 127, 210
Anzeige 26, 64, 154f., 187ff.,
Arbeitstag 199, 201
Arbeitszeit 13f., 167, 199f.
Außenwerbung 190,
Außenwirkung 17-21
Auszeichnung 24, 52, 69, 75, 180
Autor 29, 36, 61, 68, 77, 80, 94ff., 100-112, 114, 118, 192, 213
Award 176ff.

B
Bannerwerbung 188f., 193
Bestandsaufnahme 23, 25
Betreffzeile 124f.
Betriebskosten 199ff.
Blended Learning 132, 217
Blog *siehe* Weblog
Blog-Monitoring 112ff.
Blogroll 119
BoD 105
Buchveröffentlichung 93-106, 191

C
Callcenter 191
CEO-Blog 114f.
Clipping-Dienst 161
Community 26, 80, 111, 115, 167
Content Management System 55
Corporate Behaviour 39
Corporate Blog 114, 120
Corporate Citizenship 165-169, 178

Corporate Communication 39
Corporate Culture 40
Corporate Design 39
Corporate Identity 39, 48
Corporate Image 40
Corporate Philosophy 39

D
Datenschutz 123f.
Dozent 127ff., 146

E
E-Book 58, 105,
Elevator Pitch 31, 43-47, 90, 137, 173
Empfehlungsmarketing 80
Expertenportal 68
Exposé 96-99, 106f., 134

F
Feedback 25, 52f., 59, 68, 78, 110, 137
Feedreader 111, 114
Fernsehen 146, 155, 189
Flyer 14, 51, 85, 89, 189, 191
Forum 27, 82ff., 90f., 108, 164
Foto 49, 52, 57f., 107, 120, 152f., 164
Freiberufler 13, 87, 198, 206f., 217

G
Geschäftsbericht 12, 152, 160
Gesprächsführung 204
Guerilla-Marketing 162-164

H
Honorar, Honorarkalkulation 197-210
Honorarspiegel 202

I
Image, Imagepflege 35, 40, 112f., 149, 165, 168, 171, 176ff., 188
Impressum 61, 124, 154
Interview 146-149, 152, 157

J
Journalist 90, 102ff., 107ff., 133, 146-161
Jungunternehmer 11, 17, 200

K
Kaltakquise 12-40
Kampagnen-Blog 116
Kerngeschäft 17, 32f.
Keyword 26, 62
Kinowerbung 190
Kleinunternehmer 198, 200, 217
Konkurrenz 25, 35, 81, 85
Konzept 99ff.,
Körpersprache 46, 141, 147,
Krisen-Blog 116
Kundenbindung 24, 121, 149, 178ff., 186
Kundennutzen 33, 35, 53, 55ff., 70, 183
Kundenzeitschrift 122, 149

L
Lampenfieber 139
Leistungsspektrum 23, 31ff., 210
Links 60ff., 69, 73, 111, 113, 119, 123, 188, 208
Listing 178f.

M
Mailing 179-186
Marktanalyse 22-30
Marktwert 94, 202-206
Messe 152, 156, 169-176
Mission 38
Mitarbeiter-Blog 114f.
Mitbewerb/Mitbewerber 14, 25, 34ff., 46, 114, 165, 175f., 188, 198, 202, 204f.
Moderator 131, 138-145,158
Multiplikator 17, 54, 79, 98, 127, 164, 189
Mundpropaganda 63-80, 163

N
Nachbereitung 13, 161, 173, 185
Netiquette 85
Networking 47, 80-93

Netzwerk, netzwerken, 138, 145, 150, 172, 188, 199, 202, 214f.
Newsletter 27, 30, 69, 108, 121-126, 160, 175

O
Öffentlichkeitsarbeit 39, 149-162, 180
Online-Artikel 106, 209,
Online-Journal 108ff.
Online-Medien 129, 155

P
Plakate 190
Podcast 59, 73, 120, 132, 146, 189
Portal 68, 71f., 92, 108, 119, 134, 154, 160, 164, 179
Portfolio 31f., 63,128, 151, 190
Positionierung 18, 30f., 37, 66, 70, 95, 98, 106-108, 127, 150, 161
Postkarten 53, 189
Präsentation 28, 31, 44, 48-54, 170ff.
Pressearbeit 149-162
Pressekonferenz 158f., 172, 174,
Pressemappe 152, 159
Pressemitteilung 149ff., 154-161, 171, 173
Presseverteiler 155
Produktblog 115f.
Produktive Arbeitszeit 13, 199
Promotion 33, 120, 172, 178, 188
Provision 64, 189, 214

R
Recherche 12f., 60, 68, 103f., 118, 154, 172, 200, 208
Referenzen 52, 56, 59, 62, 90, 136, 203
Reputation 116, 206-210, 215
Response-Element 52
RSS 111, 114

S
Schlüsselwörter 69, 113f.
Schreibstil 103-105, 156
Seminar 82, 85, 88f., 127-137, 156
Service-Blog 117
Social Bookmark 68f., 119,
Soziales Engagement 165-169
Spam 84f., 90, 126, 150, 180f.

Spezialisierung 32, 36,187
Strategie 19, 26, 38, 87, 93, 128, 162f., 168, 208, 215
Streuverluste 18, 122, 170, 180
Stundensatz 199-206
Suchmaschinen-Marketing 61-63
Suchmaschinenoptimierung 57, 61-63

T
Telefon-Marketing 191
Testimonial 59, 209
Themen-Blog 116ff.

U
Unternehmensbroschüre 50-54
Unternehmenskultur 19, 38, 165
Unternehmensphilosophie 39f., 52
Urheber 61
URL 49, 63, 110, 119f.
USP 35, 203

V
Vertragsverhandlung 15,
Verzeichnis 99f., 114, 119, 125, 151, 178f.
Viral Marketing 27, 63-80
Visitenkarte 30, 48-50
Vortrag 98, 132, 138-145

W
Warenprobe 183,
Weblog 28, 49, 51, 60, 73, 109-120, 164, 189, 209
Website bes. 54-63
Werbebudget 33
Werbegeschenk 174, 191ff.
Wettbewerb 35, 47, 165, 170, 176-178
Whitepaper 59
Wiedererkennungswert 49
Workshop 18f., 89, 99, 127-137, 172, 191

Besser organisiert – weniger Stress

Die Schlüssel zum erfolgreichen Arbeiten sind Organisation, Zeitmanagement und Motivation – insbesondere für Selbstständige.

Wer sich selbstständig macht, kann sich nicht an die vorgegebenen Strukturen eines Angestelltenverhältnisses halten und steht vor der Aufgabe, sich und seine Arbeit selbst organisieren zu müssen. Oft wird diese wichtige Aufgabe jedoch unterschätzt.
Das Buch zeigt Ihnen in einfachen Schritten, wie Sie Ihre Arbeit sinnvoll strukturieren und damit Leistungsfähigkeit und Motivation im Alltag erhalten. Eine Pflichtlektüre – nicht nur für Existenzgründer.

184 Seiten
Broschur
€ 17,90 (D) / € 18,40 (A) / CHF 34,70*
ISBN-13: 978-3-636-01415-3
(*empfohlener Ladenpreis)

www.redline-wirtschaft.de

REDLINE WIRTSCHAFT